零基础 # 学蛋糕

彭依莎 主编

随手查

陕西新华出版传媒集团
陕西旅游出版社

图书在版编目（CIP）数据

零基础学蛋糕随手查 / 彭依莎主编. — 西安：陕西旅游出版社，2018.7
ISBN 978-7-5418-3607-7

Ⅰ. ①零… Ⅱ. ①彭… Ⅲ. ①蛋糕－糕点加工 Ⅳ. ①TS213.2

中国版本图书馆CIP数据核字(2018)第034852号

零基础学蛋糕随手查

彭依莎 主编

责任编辑：	贺　姗
摄影摄像：	深圳市金版文化发展股份有限公司
图文制作：	深圳市金版文化发展股份有限公司
出版发行：	陕西旅游出版社（西安市唐兴路6号　邮编：710075）
电　　话：	029-85252285
经　　销：	全国新华书店
印　　刷：	深圳市雅佳图印刷有限公司
开　　本：	711mm×1016mm　　1/32
印　　张：	10
字　　数：	150千字
版　　次：	2018年7月　　第1版
印　　次：	2018年7月　　第1次印刷
书　　号：	ISBN 978-7-5418-3607-7
定　　价：	29.80元

CONTENTS

 Part 1　制作蛋糕这回事儿

制作蛋糕的基本工具 / 002

常见材料 / 004

蛋糕在制作上的小技巧 / 006

蛋糕坯的制作 / 008

 Part 2　可爱的杯杯蛋糕

雪花杯子蛋糕 / 012

巧克力杯子蛋糕 / 015

巧克力咖啡蛋糕 / 017

胡萝卜巧克力纸杯蛋糕 / 020

樱桃奶油蛋糕 / 023

焗花生牛油蛋糕 / 025

核桃牛油蛋糕 / 028

经典浓情布朗尼 / 031

黑芝麻杯子蛋糕 / 033

苹果蛋糕 / 036

樱桃开心果杏仁蛋糕 / 039

红枣芝士蛋糕 / 041

肉松紫菜蛋糕 / 044

提子松饼蛋糕 / 047

红丝绒纸杯蛋糕 / 049

蜂蜜小蛋糕 / 052

黑糖桂花蛋糕 / 055

奥利奥奶酪小蛋糕 / 057

抹茶红豆杯子蛋糕 / 060

红茶蛋糕 / 063

可乐蛋糕 / 065

苹果玛芬 / 068

薄荷酒杯子蛋糕 / 071

朗姆酒树莓蛋糕 / 073

鲜奶油玛芬 / 076

草莓乳酪玛芬 / 078

奶油乳酪玛芬 / 081

花生酱杏仁玛芬 / 083

黑糖蒸蛋糕 / 086

Part 3 全家分享大蛋糕

反转菠萝蛋糕 / 090

纽约芝士蛋糕 / 092

菠萝芝士蛋糕 / 095

朗姆酒奶酪蛋糕 / 097

什锦果干芝士蛋糕 / 100

大豆黑巧克力蛋糕 / 102

磅蛋糕 / 104

地瓜叶红豆磅蛋糕 / 106

芒果芝士蛋糕 / 109

水晶蛋糕 / 111

生乳酪蛋糕 / 114

戚风蛋糕 / 116

肉松戚风蛋糕 / 118

斑马纹蛋糕 / 121

动物园鲜果蛋糕 / 123

抹茶蜜语 / 126

轻乳酪芝士蛋糕 / 128

焦糖芝士蛋糕 / 130

大理石磅蛋糕 / 133

水果蛋糕 / 135

蔓越莓天使蛋糕 / 138

柠檬蓝莓蛋糕 / 140

素胡萝卜蛋糕 / 142

香橙磅蛋糕 / 144

玉米蛋糕 / 146

红枣蛋糕 / 149

巧克力水果蛋糕 / 151

无糖椰枣蛋糕 / 154

胡萝卜蛋糕 / 156

经典轻乳酪蛋糕 / 158

蜂蜜抹茶蛋糕 / 160

栗子巧克力蛋糕 / 162

法式传统巧克力蛋糕 / 164

樱桃燕麦蛋糕 / 167

香醇巧克力蛋糕 / 169

柠檬卡特卡 / 172

Part 4 层层叠叠蛋糕卷

原味瑞士卷 / 176

萌爪爪奶油蛋糕卷 / 179

QQ雪卷 / 181

巧克力瑞士卷 / 184

摩卡咖啡卷 / 187

双色手巾卷 / 189

瑞士水果卷 / 192

抹茶芒果戚风卷 / 195

草莓香草蛋糕卷 / 197　　巧克力毛巾卷 / 200

轻巧甜蜜慕斯蛋糕

豆腐慕斯蛋糕 / 204　　草莓慕斯蛋糕 / 220
芒果西米露蛋糕 / 207　　咖啡慕斯 / 223
香浓巧克力慕斯 / 209　　巧克力曲奇芝士慕斯 / 225
香橙慕斯 / 212　　柚子慕斯蛋糕 / 229
巧克力慕斯 / 215　　草莓巧克力慕斯 / 231
玫瑰花茶慕斯 / 217

称霸下午茶的美味蛋糕

蓝莓焗芝士蛋糕 / 236　　芝士夹心小蛋糕 / 246
布朗尼 / 238　　舒芙蕾 / 249
极简黑森林蛋糕 / 241　　柠檬雷明顿 / 251
伯爵茶巧克力蛋糕 / 243　　可露丽 / 254

豆乳盒子 / 256

抹茶蜜豆裸蛋糕 / 259

巧克力心太软 / 261

榴莲千层蛋糕 / 264

贝壳玛德琳 / 267

棉花糖布朗尼 / 269

提拉米苏 / 272

卡蒙贝尔乳酪蛋糕 / 275

海绵小西饼 / 277

Part 7　亲子可爱造型蛋糕

四季慕斯 / 282

水蒸豹纹蛋糕 / 285

猫爪小蛋糕 / 287

推推乐蛋糕 / 290

蛋糕球棒棒糖 / 293

长颈鹿蛋糕卷 / 295

蓝莓果酱花篮 / 298

猫头鹰杯子蛋糕 / 300

小熊提拉米苏 / 302

奶油狮子造型蛋糕 / 305

满天星蛋糕卷 / 307

小黄人杯子蛋糕 / 310

Part 1

制作蛋糕这回事儿

烘焙成品美味、精致，
如今越来越常见地出现在家庭中。
本章为大家介绍了制作蛋糕的常用工具和材料，
也介绍了各种入门技巧
和学习烘焙必须掌握的几个问题，
让您在制作过程中游刃有余。

制作蛋糕的基本工具

烘焙是一种需要精细操作的烹饪方法,
拥有这些基础工具,
您才能制作出多种美味蛋糕。

Tool 1 手动打蛋器

手动打蛋器适用于打发少量黄油。某些不需要打发的环节,只需要把鸡蛋、糖、油等混合搅拌,使用手动打蛋器会更加方便、快捷。

Tool 2 电动打蛋器

电动打蛋器更方便、省力,全蛋的打发用手动打蛋器很困难,必须使用电动打蛋器。

Tool 3 活底蛋糕模具

活底蛋糕模具在制作蛋糕时使用频率较高,喜欢制作蛋糕者可以常备。"活底"更方便蛋糕烤好后脱模,保证蛋糕的完整,非常适合新手使用。

Tool 4 刮刀

刮刀适用于搅拌面糊,在粉类和液体类材料混合的过程中起重要作用。它还可以紧贴在碗壁上,把附着的蛋糕糊刮得干干净净。

Tool 5 油布或油纸

烤盘需用油布或油纸垫上,以防半成品粘在烤盘上而不便于清洁。有时在烤盘上涂油同样可以起到防粘的效果,但采取垫纸的方法可以免去清洗烤盘的麻烦。

Tool 6 裱花袋

裱花袋可以用于挤出蛋糕糊,还可以用来做蛋糕表面的装饰。搭配不同的裱花嘴可以挤出不同花形的饼干坯和各式各样的奶油装饰,可以根据需要购买。

Tool 7 电子秤

在制作烘焙产品的过程中,我们要精准称量所需材料的重量,此时就要选择性能良好的电子秤,以保证用量精准。

常见材料

这些是制作蛋糕常用到的材料，
在超市中就能轻松购买到，
准备工作一点儿也不复杂，您准备好了吗？

 无盐黄油

从牛奶中提炼出来的油脂。无盐黄油通常需要冷藏储存，使用时要提前室温软化。

 面粉

一般烘焙所用到的面粉分别有低筋面粉、高筋面粉和中筋面粉。

 细砂糖

制作甜点常用到的糖类，除此之外还会用到糖粉或糖浆。细砂糖颗粒结晶小，容易与油类融合。

 巧克力

巧克力是甜点中经常使用的材料之一。

Bake 5 粟粉

粟粉又称玉米淀粉,有白色和黄色两种,含有丰富的营养。

Bake 6 鸡蛋

鸡蛋是制作甜点最常用的材料之一。一个鸡蛋约重50克,其中蛋黄的重量约20克。鸡蛋越大,蛋白的重量越重,蛋黄的重量不变。

Bake 7 牛奶

牛奶在制作甜点时常常用到,用于增添甜点的奶香风味。一般在制作甜点的过程中需要使用全脂牛奶。

Bake 8 淡奶油

淡奶油即动物奶油,脂肪含量通常为30%~35%,可打发后作为蛋糕的奶油装饰,也可作为制作原料直接加入到蛋糕体的制作中。

Bake 9 奶油奶酪

奶油奶酪是牛奶浓缩、发酵而成的奶制品,通常为淡黄色,是制作奶酪蛋糕的常用材料。

蛋糕在制作上的小技巧

这些制作蛋糕的技法常识您都知道吗？
快来学一学，
成功制作美味甜点的秘诀都在这里！

1. 液体

将配方中的液体材料分次倒入打成羽毛状的黄油中。每次倒入都需要将液体与黄油搅打均匀，这样才能保证黄油与液体材料充分混合，减少因一次性加入过多的液体导致水油分离的情况。

2. 过筛

质地细腻的粉类吸收了空气中的水分会发生结块的情况，因此使用时需要过筛。过筛的方式有两种，一种是直接筛入打发的黄油中；另一种是将粉类提前过筛备用，但放置时间不宜过长，否则粉类会再次结块。

3. 打发黄油

我们常常说的将黄油打发,即是将黄油加入如糖粉、糖霜、细砂糖、糖浆等糖类中,用电动打蛋器搅打至膨松发白。需注意的是,黄油应是室温软化的状态。过硬的黄油打发后会变成蛋花状,影响口感。

4. 打发蛋白

蛋白打发至硬性发泡的状态即是将蛋白及糖类倒入搅拌盆中,用电动打蛋器快速打发,至提起打蛋器头可以拉出鹰嘴状。此过程所用的容器和打蛋器必须无水、无油。初学者可以加些许柠檬汁,以提高成功率。

5. 打发全蛋

因为蛋黄含有脂肪,所以较难打发。在打发时,可先隔水加热,将温度控制在38℃左右,若超过60℃,则可能将蛋液煮熟。加入细砂糖后,用电动打蛋器快速搅拌至蛋液纹路明显、富有光泽即可。

蛋糕坯的制作

通常在制作蛋糕时,
蛋糕坯的使用可以大大缩短制作的时间,
下面我们来学习经常使用的两种蛋糕坯如何制作。

海绵蛋糕坯

配方: 鸡蛋200克,蛋黄15克,细砂糖130克,蜂蜜40克,水40毫升,高筋面粉125克,盐3克

制作步骤:
1. 取一容器,倒入鸡蛋、蛋黄、细砂糖,搅拌打发至起泡。
2. 再分次加入盐、高筋面粉、蜂蜜、水,搅匀制成面糊。
3. 烤盘上铺烘焙纸,将搅拌好的面糊倒入烤盘。
4. 将烤盘放入预热好的烤箱内,上火调为170℃,下火调为170℃,时间定为20分钟,烤至面糊松软,取出放凉。
5. 用刮板将蛋糕同烤盘分离,将蛋糕倒在烘焙纸上。
6. 撕去蛋糕底部的烘焙纸。
7. 将蛋糕四周不整齐的地方切掉。
8. 再将剩余的蛋糕切出自己喜欢的形状,装入盘中即可。

也可以在面糊表面用蛋黄划出花纹,烤好后成品更美观。

戚风蛋糕坯

配方：蛋白140克，细砂糖110克，塔塔粉2克，蛋黄60克，水30毫升，食用油30毫升，低筋面粉70克，玉米淀粉55克，细砂糖30克，泡打粉2克

制作步骤：
1. 取一个容器，加入蛋黄、水、食用油、低筋面粉。
2. 再加入玉米淀粉、细砂糖、泡打粉，搅拌均匀。
3. 另取一个容器，加入备好的蛋白、细砂糖、塔塔粉，用电动打蛋器搅拌成鸡尾状。
4. 将拌好的蛋白部分加入到蛋黄糊里，搅拌均匀。
5. 烤盘上铺烘焙纸，将搅拌好的面糊倒入模具中，至六分满。
6. 将模具放入预热好的烤箱内，关好烤箱门。
7. 上火调为180℃，下火调为160℃，时间定为25分钟，烤至面糊松软。
8. 待25分钟后，戴上隔热手套取出烤盘放凉。
9. 用刮刀贴着模具四周将蛋糕跟模具分离。
10. 再将底盘去除，将蛋糕倒在盘子上即可。

脱模的时候一定要小心，以免蛋糕碎掉。

Part 2
可爱的杯杯蛋糕

造型独特、色彩缤纷、口味多变的杯杯蛋糕，
总是轻易地俘获了我们的胃。
于一座城，
邀两三人，
尝数个杯杯蛋糕，
便是幸福好时光。

分量
6人份

烤箱温度
上火180℃、下火180℃

烤制时间
25分钟

难易度：★☆☆

雪花杯子蛋糕

配方：

蛋糕糊：鸡蛋2个，糖粉50克，蜂蜜20克，无盐黄油40克，低筋面粉100克，可可粉20克，泡打粉1克，香草精适量；
装饰：淡奶油150克，糖粉25克，彩色糖珠适量，雪花小旗适量

扫码看视频

制作步骤：

1. 在搅拌盆中倒入鸡蛋及50克糖粉，搅拌均匀。
2. 将步骤1的搅拌盆隔热水加热，继续搅拌至材料发白。
3. 将无盐黄油加热熔化，倒入步骤2的混合物中，搅拌均匀，加入蜂蜜，搅拌均匀。
4. 将搅拌盆从热水中取出，筛入低筋面粉、可可粉及泡打粉，拌匀，加入香草精，拌匀，制成蛋糕糊，装入裱花袋中。
5. 将蛋糕糊垂直挤入蛋糕纸杯中，放进预热至180℃的烤箱中烘烤约25分钟，烤好后取出，放凉。
6. 取一新的搅拌盆，放入淡奶油及20克糖粉，快速打发，装入裱花袋中，挤在蛋糕上，撒上彩色糖珠及剩余糖粉，插上雪花小旗作装饰即可。

Tips

面粉过筛后再搅拌均匀，可以将面粉中的块状颗粒筛成细粉，使蛋糕口感更细腻。

分量
5人份

烤箱温度
上火180℃、下火180℃

烤制时间
12分钟

难易度:★☆☆

巧克力杯子蛋糕

配方:

蛋糕糊: 可可粉10克,低筋面粉60克,无盐黄油15克,牛奶25毫升,鸡蛋100克,黑糖50克;**装饰:** 淡奶油适量,可可粉适量,糖粉适量,小猴子小旗适量

制作步骤:

1. 将鸡蛋放入搅拌盆中,打散,筛入黑糖,用电动打蛋器打至发白。
2. 将牛奶煮至沸腾,关火,倒入无盐黄油搅拌均匀。
3. 将步骤2的牛奶混合物倒入步骤1搅拌盆中搅拌均匀。

4. 筛入低筋面粉及可可粉，用橡皮刮刀搅拌均匀，制成蛋糕糊。
5. 将蛋糕糊装入到裱花袋中，垂直挤入杯子蛋糕中，至八分满。
6. 放进预热至180℃的烤箱中，烘烤约12分钟，取出，放凉。
7. 将淡奶油用电动打蛋器快速打发，加入可可粉，搅拌均匀，装入裱花袋。
8. 将打发好的可可奶油挤在蛋糕杯子表面，最后撒上糖粉，插上小猴子小旗即可。

分量 6人份
烤箱温度 上火180℃、下火150℃
烤制时间 18分钟

难易度：★★☆

巧克力咖啡蛋糕

配方：

蛋糕糊：即溶咖啡粉3克，可可粉4克，鲜奶20毫升，热水20毫升，蛋黄40克，细砂糖45克，植物油22毫升，咖啡酒10毫升，低筋面粉55克，蛋白80克，粟粉5克，盐2克；装饰：即溶咖啡粉2克，鲜奶5毫升，淡奶油100克

制作步骤：

1. 鲜奶5毫升和即溶咖啡粉拌匀。
2. 淡奶油放入搅拌盆，用电动打蛋器快速打发至可提起鹰钩状，倒入混合好的咖啡鲜奶，搅拌均匀后，装入裱花袋中，放入冰箱冷藏，作装饰用。
3. 即溶咖啡粉、可可粉、鲜奶、咖啡酒及热水拌匀。
4. 蛋黄倒入搅拌盆，加盐及20克细砂糖，搅拌均匀，用电动打蛋器搅拌均匀。
5. 倒入步骤3制成的鲜奶咖啡可可混合物，搅拌均匀，加入植物油，搅拌均匀，筛入低筋面粉及粟粉，用手动打蛋器搅拌均匀，呈糊状。
6. 将蛋白放入新的搅拌盆中，加入25克细砂糖，用电动打蛋器快速打发成蛋白霜。

7. 将打发好的蛋白霜分两次加入到面糊中,搅拌均匀,装入裱花袋。
8. 将蛋糕纸杯放入玛芬模具中,将蛋糕面糊垂直挤入纸杯中至七分满。
9. 烤箱以上火180℃、下火150℃预热,蛋糕放入烤箱中层,全程烤约18分钟。
10. 出炉后待其冷却,在中间挤上咖啡奶油装饰即可。

加入粉类时不可搅拌太久,过度搅拌会导致蛋糕体口感变差哦。

分量
6人份

烤箱温度
上火180℃、下火180℃

烤制时间
16分钟

难易度：★☆☆

胡萝卜巧克力纸杯蛋糕

配方：

蛋糕糊：熟胡萝卜泥200克，低筋面粉90克，芥花籽油30毫升，可可粉15克，枫糖浆70克，豆浆80毫升，泡打粉2克，盐0.5克；**内馅**：可可粉30克，豆浆78毫升，枫糖浆10克

制作步骤:

1. 将枫糖浆、芥花籽油、豆浆、盐、熟胡萝卜泥倒入搅拌盆中,搅拌均匀。
2. 过筛低筋面粉、可可粉、泡打粉至搅拌盆中,翻拌成无干粉的状态,制成蛋糕糊。
3. 将蛋糕糊装入裱花袋里,再用剪刀在裱花袋尖端处剪一个小口。
4. 挤入放了蛋糕纸杯的蛋糕烤盘,放入已预热至180℃的烤箱中层,烘烤约16分钟。
5. 往装有豆浆的碗里倒入可可粉,搅拌均匀,再倒入枫糖浆,继续搅拌均匀,即成内馅。
6. 取出烤好的纸杯蛋糕放在转盘上,用抹刀将内馅抹在蛋糕上,用抹刀尖端轻轻拉起内馅,依次完成剩余的蛋糕,装入盘中即可。

分量
6人份

烤箱温度
上火165℃，下火165℃

烤制时间
23分钟

樱桃奶油蛋糕

难易度：★☆☆

配方：

蛋糕糊： 蛋黄75克，细砂糖25克，低筋面粉60克，杏仁粉30克，可可粉15克，盐1克，鲜奶15毫升，泡打粉1克；

蛋白霜： 蛋白90克，细砂糖35克；**装饰：** 淡奶油100克，细砂糖15克，樱桃适量

制作步骤：

1. 将蛋黄和鲜奶倒入搅拌盆中，搅拌均匀。
2. 倒入盐及25克细砂糖，搅拌均匀。
3. 筛入可可粉、低筋面粉、泡打粉及杏仁粉，用橡皮刮刀搅拌均匀。

4. 另取一干净的搅拌盆,将蛋白和35克细砂糖倒入,用电动打蛋器快速打发,至可提起鹰嘴状,制成蛋白霜。
5. 将蛋白霜分三次倒入步骤3的混合物中,搅拌均匀,制成蛋糕糊,装入裱花袋中。
6. 将蛋糕糊挤入玛芬模具中,放入预热至165℃的烤箱中,烘烤约23分钟。
7. 将淡奶油及15克细砂糖倒入搅拌盆中,快速打发,至可提起鹰嘴状,装入裱花袋中。
8. 取出烤好的蛋糕,放凉,脱模,挤上步骤7制成的奶油。
9. 最后放上樱桃作为装饰即可。

分量
6人份

烤箱温度
上火170℃、下火160℃

烤制时间
16分钟

难易度：★★☆

焗花生牛油蛋糕

配方：

蛋糕糊：细砂糖85克，盐2克，低筋面粉100克，花生酱50克，泡打粉2克，可可粉6克，鲜奶45毫升，鸡蛋1个，无盐黄油（热熔）35克；**装饰**：蛋黄1个，细砂糖5克，芝士粉5克，鲜奶20毫升，淡奶油40克，坚果适量

制作步骤：

1. 细砂糖、鸡蛋及盐放入搅拌盆中，用手动打蛋器搅拌均匀，至不易滴落即可。
2. 鲜奶、无盐黄油及花生酱混合煮熔拌匀，此过程需隔水加热，熔化后加入到步骤1的混合物中，搅拌均匀。
3. 低筋面粉、泡打粉及可可粉混合均匀，筛入到经前两步制成的混合物中，搅拌均匀。
4. 装入裱花袋中，从中间开始挤入到杯子蛋糕纸杯中。
5. 依次挤好剩余蛋糕。烤箱以上火170℃、下火160℃预热，蛋糕放入烤箱中层，全程烤约16分钟，出炉后需待其冷却才可做进一步装饰。
6. 鲜奶倒入锅中煮开。

7. 将煮开的鲜奶边搅拌边倒入打散的蛋黄液中,制成蛋黄浆。
8. 淡奶油加细砂糖用电动打蛋器快速打发至呈鹰钩状。
9. 将芝士粉倒入蛋黄浆中搅拌均匀。
10. 拌匀的蛋黄浆分两次倒入已打发的淡奶油中,搅拌均匀,装入裱花袋,以螺旋状挤在已烤好的蛋糕体表面,再用坚果加以装饰即可。

若鲜奶、无盐黄油、花生酱的温度与室温一致,可无需隔水加热,搅拌均匀倒入即可。

分量
6人份
烤箱温度
上火180℃、下火180℃
烤制时间
20分钟

难易度：★☆☆

核桃牛油蛋糕

配方：

蛋黄2个，细砂糖60克，无盐黄油50克，牛奶20毫升，低筋面粉100克，泡打粉2克，核桃适量，香草精3滴

扫码看视频

制作步骤：

1. 在搅拌盆中倒入无盐黄油和细砂糖，用手动打蛋器搅拌均匀。
2. 倒入牛奶，搅拌均匀，倒入蛋黄，搅拌均匀。
3. 筛入低筋面粉及泡打粉，搅拌均匀。
4. 倒入香草精，搅拌均匀，制成蛋糕糊，再将蛋糕糊装入裱花袋中。
5. 将蛋糕糊垂直挤入蛋糕纸杯中，至七分满，在蛋糕糊表面放上核桃。
6. 放入预热至180℃的烤箱中，烘烤约20分钟，至表面上色即可。

分量
6人份

烤箱温度
上火180℃、下火150℃

烤制时间
25分钟

经典浓情布朗尼

难易度：★☆☆

配方：

黄油100克，细砂糖80克，饴糖30克，盐2克，鸡蛋110克，黑巧克力55克，低筋面粉50克，可可粉10克，泡打粉2克，核桃碎60克

制作步骤：

1. 烤箱通电后，将上火温度调至180℃，下火温度调至150℃，进行预热。
2. 备好一个玻璃碗，将黄油、细砂糖、盐倒入其中，进行打发。
3. 倒入饴糖，搅拌，再筛入低筋面粉、泡打粉、可可粉，用电动打蛋器充分拌匀。

4. 鸡蛋分多次加入玻璃碗中并搅拌均匀,每加入一次都要充分拌匀。
5. 把化好的黑巧克力加入面糊中,拌匀,加入核桃碎进行搅拌。
6. 用长柄刮板将制好的面糊放入裱花袋,再将面糊挤到蛋糕纸杯中约七分满。
7. 把蛋糕放入预热好的烤箱中烘烤约25分钟。
8. 将烤好的成品取出,摆放在盘中即可。

饴糖是用高粱、米、大麦、粟、玉米等发酵制成的糖类食品,成品为黄褐色黏稠液体。

黑芝麻杯子蛋糕

配方:

蛋糕糊: 低筋面粉60克,黑芝麻粉20克,无盐黄油15克,牛奶25毫升,鸡蛋100克,细砂糖50克;**装饰:** 淡奶油适量,细砂糖适量,黑芝麻粉适量

制作步骤:

1. 将牛奶倒入锅中,加热至沸腾,关火,倒入无盐黄油,搅拌均匀。
2. 将鸡蛋及50克细砂糖倒入搅拌盆中,用电动打蛋器打至发白。
3. 再倒入步骤1中的混合物,搅拌均匀。
4. 筛入低筋面粉和黑芝麻粉,用橡皮刮刀搅拌均匀,制成蛋糕糊。
5. 将蛋糕糊装入裱花袋中,拧紧裱花袋口。
6. 将蛋糕糊垂直挤入蛋糕纸杯中。

7. 放入预热至180℃的烤箱中，烘烤约13分钟，烤好后取出，放凉。
8. 将淡奶油及细砂糖倒入新的搅拌盆中，用电动打蛋器快速打发，至可提起鹰嘴状。
9. 倒入黑芝麻粉，搅拌均匀，装入裱花袋中。
10. 以螺旋状手法挤在杯子蛋糕表面作为装饰。

Tips

煮牛奶的时候应该用小火，慢慢加热至沸腾状态，否则容易煮焦。

分量 3人份
烤箱温度 上火180℃、下火180℃
烤制时间 15分钟

难易度：★☆☆

苹果蛋糕

配方：

低筋面粉120克,苹果丁45克,苹果汁120毫升,淀粉15克,芥花籽油30毫升,蜂蜜40克,泡打粉1克,苏打粉1克,杏仁片少许

制作步骤：

1. 将芥花籽油、蜂蜜倒入搅拌盆中，用手动打蛋器搅拌均匀，再倒入苹果汁，搅拌均匀。
2. 将低筋面粉、淀粉、泡打粉、苏打粉过筛至搅拌盆中，搅拌至无干粉的状态。
3. 倒入苹果丁，搅拌均匀，制成苹果蛋糕糊。
4. 将苹果蛋糕糊装入裱花袋，用剪刀在裱花袋尖端处剪一个小口。
5. 取蛋糕杯，挤入苹果蛋糕糊至八分满，撒上杏仁片。
6. 将蛋糕杯放在烤盘上，再将烤盘移入已预热至180℃的烤箱中层，烤约15分钟即可。

分量
4人份

烤箱温度
上火180℃、下火180℃

烤制时间
20分钟

难易度：★☆☆

樱桃开心果杏仁蛋糕

配方：

蜂蜜60克，芥花籽油8毫升，低筋面粉15克，杏仁粉75克，清水80毫升，泡打粉2克，开心果碎4克，新鲜樱桃60克

制作步骤：

1. 将蜂蜜、芥花籽油倒入搅拌盆中，用手动打蛋器搅拌均匀。
2. 将低筋面粉、杏仁粉过筛至盆里，用橡皮刮刀翻拌至无干粉的状态。
3. 倒入少许清水，翻拌均匀。

1

2

3

4. 倒入泡打粉，用长柄刮板继续搅拌至材料混合均匀，即成蛋糕糊。
5. 将蛋糕糊装入裱花袋中，用剪刀在裱花袋尖端处剪一个小口。
6. 取蛋糕模具，放上蛋糕纸杯，在纸杯内挤入蛋糕糊至七分满。
7. 撒上开心果碎，放上新鲜樱桃。
8. 将蛋糕模具放入已预热至180℃的烤箱中层，烤约20分钟即可。

分量 6人份

烤箱温度 上火175℃、下火175℃

烤制时间 13分钟

难易度：★☆☆

红枣芝士蛋糕

配方：

蛋糕糊： 奶油奶酪90克，无盐黄油65克，细砂糖50克，鸡蛋100克，低筋面粉100克，泡打粉2克，红枣糖浆45克；

装饰： 已打发的淡奶油适量，薄荷叶适量，防潮糖粉适量

制作步骤：

1. 将无盐黄油及奶油奶酪倒入搅拌盆中，用电动打蛋器低速打发30秒~1分钟。
2. 倒入细砂糖，继续低速打发2~3分钟。
3. 分次加入鸡蛋，搅拌均匀。
4. 倒入红枣糖浆，用电动打蛋器搅打片刻，至鸡蛋浆呈绵密状态。
5. 筛入低筋面粉及泡打粉，用橡皮刮刀充分搅拌均匀，制成面糊。
6. 将面糊装入裱花袋中。

7. 取玛芬模具,在玛芬模具中放上蛋糕纸杯。
8. 将蛋糕糊垂直挤入蛋糕纸杯中,至八分满,放入预热至175℃的烤箱中,烘烤约13分钟。
9. 取出烤好的杯子蛋糕,放凉至室温。
10. 挤上已打发的淡奶油,撒上防潮糖粉,放上薄荷叶装饰即可。

全蛋不容易打发,可以将蛋液隔热水稍稍加热,就较易打发。

分量 6人份
烤箱温度 上火170℃、下火170℃
烤制时间 25分钟

难易度：★☆☆

肉松紫菜蛋糕

配方：

蛋黄糊：蛋黄2个，细砂糖15克，色拉油15毫升，水40毫升，紫菜碎8克，肉松20克，低筋面粉40克，泡打粉1克；蛋白霜：蛋白2个，细砂糖20克

扫码看视频

制作步骤：

1. 将蛋黄倒入搅拌盆中，打散，倒入15克细砂糖，搅拌均匀。
2. 倒入色拉油，搅拌均匀，倒入水，搅拌均匀。
3. 筛入低筋面粉及泡打粉，搅拌均匀，倒入紫菜碎，搅拌均匀，制成蛋黄糊。
4. 在一个新的搅拌盆中倒入蛋白和20克细砂糖打发，制成蛋白霜。
5. 取1/3蛋白霜倒入蛋黄糊中，搅拌均匀，再倒回剩余的蛋白霜中，拌匀，制成蛋糕糊，装入裱花袋。
6. 将蛋糕糊垂直挤入蛋糕纸杯中，至七分满，在表面放上肉松，放入预热至170℃的烤箱中，烘烤25分钟即可。

分量
6人份

烤箱温度
上火170℃、下火160℃

烤制时间
20分钟

提子松饼蛋糕

配方:

蛋糕糊: 鸡蛋3个,细砂糖135克,盐3克,鲜奶110毫升,无盐黄油150克,高筋面粉55克,低筋面粉145克,泡打粉3克,提子干120克;**装饰**: 已打发的淡奶油100克,提子干适量

制作步骤:

1. 将鸡蛋打入搅拌盆,加入细砂糖,用电动打蛋器搅打均匀。
2. 加入盐、鲜奶及无盐黄油用电动打蛋器慢速拌匀,转用快速拌至软滑。
3. 再加入提子干拌匀。

4. 筛入高筋面粉、低筋面粉及泡打粉,搅拌均匀,制成蛋糕糊。
5. 将蛋糕糊装入裱花袋。
6. 从中间挤入到蛋糕纸杯中。
7. 烤箱以上火170℃、下火160℃预热,蛋糕放入烤箱中层,全程烤约20分钟。
8. 出炉后待其冷却,在表面挤上已打发的淡奶油,用提子干装饰即可。

鸡蛋与细砂糖打发到发泡,加入液体后,无需搅拌过久。

分量 6人份

烤箱温度 上火175℃、下火175℃

烤制时间 20分钟

难易度：★☆☆

红丝绒纸杯蛋糕

配方：

蛋糕糊： 低筋面粉100克，糖粉65克，无盐黄油45克，鸡蛋1个，鲜奶90毫升，可可粉7克，柠檬汁8毫升，盐2克，小苏打25克，红丝绒色素5克；**装饰：** 淡奶油100克，糖粉8克，Hello Kitty小旗适量

制作步骤：

1. 无盐黄油与65克糖粉倒入搅拌盆中，用橡皮刮刀充分搅拌均匀。
2. 加入鸡蛋，用手动打蛋器搅拌至完全融合。
3. 加入红丝绒色素，搅拌均匀，呈深红色。
4. 倒入鲜奶，用手动打蛋器搅拌均匀，倒入柠檬汁，继续搅拌均匀。
5. 筛入低筋面粉、可可粉、盐及小苏打，搅拌均匀，制成红丝绒蛋糕糊。
6. 将面糊装入裱花袋，拧紧裱花袋口。

7. 从中间垂直挤入蛋糕纸杯至七分满。
8. 烤箱以上火175℃、下火175℃预热，将蛋糕放入烤箱，烤约20分钟。
9. 淡奶油加糖粉用电动打蛋器快速打发至可提起鹰钩状。
10. 将打发好的淡奶油装入裱花袋中，以螺旋状挤在蛋糕表面，插上Hello Kitty小旗即可。

Tips

若家中没有红丝绒色素，也可用红曲粉代替，同样可获得上色效果。红丝绒色素可以先加入鲜奶中拌匀，再倒入柠檬汁拌匀，可以减少搅拌的工序与步骤。

分量
4人份

烤箱温度
上火180℃、下火180℃

烤制时间
10分钟

难易度：★☆☆

蜂蜜小蛋糕

配方：

鸡蛋1个，蜂蜜2大勺，柠檬汁5毫升，松饼粉55克，无盐黄油30克

制作步骤：

1. 在搅拌盆中倒入鸡蛋，用手动打蛋器打散。
2. 倒入蜂蜜，搅拌均匀，倒入柠檬汁，搅拌均匀，倒入松饼粉，搅拌均匀。
3. 将无盐黄油倒入隔水加热锅中，加热至熔化，倒入步骤2的混合物中，搅拌均匀，制成蛋糕糊。
4. 将蛋糕糊装入裱花袋中，在裱花袋尖端剪一个约1厘米的小口。
5. 将蛋糕糊垂直挤入模具中，模具放到烤盘上。
6. 放入预热至180℃的烤箱中，烘烤约10分钟，烤好后取出放凉即可。

分量
3人份

烤箱温度
上火170℃、下火170℃

烤制时间
25分钟

难易度：★☆☆

黑糖桂花蛋糕

配方：

蛋黄糊：蛋黄2个，黑糖20克，色拉油10毫升，干桂花3克，低筋面粉50克，泡打粉1克，热水30毫升；**蛋白霜**：蛋白2个，细砂糖20克

扫码看视频

制作步骤：

1. 将热水倒入2克干桂花中，浸泡备用。
2. 在搅拌盆中倒入蛋黄及黑糖，搅拌均匀。
3. 加入浸泡过的桂花（倒掉浸泡的水）及色拉油，搅拌均匀。

4. 筛入低筋面粉及泡打粉,搅拌均匀。
5. 取一个新的搅拌盆,倒入蛋白及细砂糖,充分打发,制成蛋白霜。
6. 将1/3蛋白霜倒入步骤4的混合物中,搅拌均匀。
7. 再将其倒回至装有剩余蛋白霜的盆中,继续搅拌均匀,制成蛋糕糊。
8. 将蛋糕糊装入裱花袋中,挤入蛋糕纸杯中,放入预热至170℃的烤箱中烘烤约25分钟。
9. 取出后在表面撒上剩余的干桂花即可。

分量 6人份

烤箱温度 上、下火180℃转上、下火150℃

烤制时间 16分钟

难易度：★☆☆

奥利奥奶酪小蛋糕

配方：

奶油奶酪250克，淡奶油150克，鸡蛋2个，香草精2克，细砂糖60克，奥利奥饼干碎适量

扫码看视频

制作步骤：

1. 将奶油奶酪倒入搅拌盆中，用电动打蛋器打散。
2. 倒入淡奶油及30克细砂糖，搅拌均匀。
3. 分离蛋清、蛋黄，把蛋黄倒入步骤2的混合物中，用电动打蛋器搅打均匀。
4. 加入香草精，继续用电动打蛋器搅打均匀，制成淡黄色霜状混合物。
5. 另取一个新的搅拌盆，倒入蛋白。
6. 加入30克细砂糖，用电动打蛋器快速打发至可提起鹰钩状，制成蛋白霜。

7. 将蛋白霜分两次加入到步骤4的搅拌盆中,搅拌均匀,制成蛋糕糊。
8. 将蛋糕糊用橡皮刮刀装入裱花袋中。
9. 垂直从中间挤入蛋糕纸杯中至七分满,在蛋糕表面撒上少许奥利奥饼干碎。
10. 在烤盘中倒入适量清水,蛋糕放在散热架上,放入烤盘中,以上、下火180℃烤10分钟,再转用150℃烤6分钟即可。

在烤盘中倒入清水,在烘烤过程中可增加水汽,达到使蛋糕不会开裂的效果。如果家中没有散热架,可以用锡纸包住杯子底部,防止杯子碰到水。

分量
6人份

烤箱温度
上火170℃、下火170℃

烤制时间
13分钟

—— 难易度：★★☆ ——

抹茶红豆杯子蛋糕

配方：

蛋糕糊：无盐黄油、糖粉各100克，玉米糖浆30克，鸡蛋2个，低筋面粉90克，杏仁粉20克，泡打粉2克，抹茶粉5克，蜜红豆粒50克，淡奶油40克；**装饰**：无盐黄油180克，糖粉160克，牛奶15毫升，抹茶粉、蜜红豆粒各适量

扫码看视频

制作步骤：

1. 将100克无盐黄油及100克糖粉放入搅拌盆中，拌匀。
2. 分次倒入鸡蛋，搅拌均匀，倒入淡奶油，继续搅拌，倒入玉米糖浆及50克蜜红豆粒，搅拌均匀。
3. 筛入低筋面粉、泡打粉、杏仁粉及抹茶粉，搅拌均匀，制成蛋糕糊，装入裱花袋。
4. 将蛋糕糊垂直挤入蛋糕纸杯中，放进预热至170℃的烤箱中烘烤约13分钟，取出，放凉。
5. 将180克无盐黄油及160克糖粉倒入新的搅拌盆中，搅打至完全融合，筛入抹茶粉，继续搅拌，倒入牛奶，拌匀。
6. 装入裱花袋，挤在蛋糕上，再放上几粒蜜红豆装饰即可。

也可用原味淡奶油装饰。

分量
6人份

烤箱温度
上火170℃、下火160℃

烤制时间
17分钟

红茶蛋糕

难易度：★★☆

配方：

蛋糕糊： 鸡蛋1个，清水12毫升，细砂糖30克，盐2克，低筋面粉35克，泡打粉1克，红茶叶碎1小包，无盐黄油（热熔）12克，炼奶6克；**装饰：** 淡奶油80克，朗姆酒2毫升，可可粉少许

制作步骤：

1. 鸡蛋、细砂糖及盐用电动打蛋器慢速拌匀。
2. 加入清水，继续搅拌。
3. 加入低筋面粉及泡打粉拌匀，用橡皮刮刀清理盆边材料后快速搅拌至稠状。

4. 再分别加入炼奶及热熔的无盐黄油,用橡皮刮刀拌匀。
5. 在玛芬模具上先放上纸杯。
6. 将蛋糕面糊装入裱花袋,挤入纸杯中,至八分满。
7. 撒上红茶叶碎。
8. 烤箱以上火170℃、下火160℃预热,蛋糕放入烤箱中层,全程烤约17分钟,出炉后需待其冷却,才可进一步装饰。
9. 淡奶油、朗姆酒用电动打蛋器快速打发至可提起鹰钩状,装入裱花袋,挤在蛋糕上,撒上可可粉即可。

Tips

如果希望茶香浓厚一些,可以将清水换成热水,冲泡红茶,将茶渣滤出即可。

分量
6人份

烤箱温度
上火170℃、下火160℃

烤制时间
18分钟

难易度：★★☆

可乐蛋糕

配方：

可乐165毫升，无盐黄油60克，高筋面粉55克，低筋面粉55克，泡打粉2克，可可粉5克，鸡蛋1个，香草精2滴，细砂糖65克，盐2克，棉花糖20克，淡奶油100克，草莓3颗，糖粉适量

制作步骤：

1. 无盐黄油放入平底锅中，慢火煮至溶解。
2. 倒入可乐搅拌均匀，盛起待凉。
3. 鸡蛋放入搅拌盆中，加入香草精、35克细砂糖及盐，用手动打蛋器拌匀。
4. 倒入已凉的黄油可乐。
5. 筛入高筋面粉、低筋面粉、泡打粉及可可粉，拌匀成面糊状。
6. 将面糊装入裱花袋中，拧紧裱花袋口。

7. 在玛芬模具中放入蛋糕纸杯，将蛋糕面糊垂直挤入纸杯中至七分满。

8. 在表面放上棉花糖。烤箱以上火170℃、下火160℃预热，蛋糕放入烤箱中层，全程烤约18分钟，蛋糕出炉后需放凉再进行装饰。

9. 淡奶油加30克细砂糖用电动打蛋器快速打发，装入裱花袋，在蛋糕体表面挤上奶油。

10. 放上切半的草莓，撒上糖粉装饰即可。

蛋糕糊倒至纸杯七分满即可，上面要留出放棉花糖及烤好后装饰奶油和鲜果的空间。

分量
5人份

烤箱温度
上火175℃、下火175℃

烤制时间
25分钟

难易度：★★☆

苹果玛芬

配方：

苹果丁150克，细砂糖90克，柠檬汁5毫升，肉桂粉1克，黄油95克，鸡蛋1个，低筋面粉160克，泡打粉2克，盐1克，牛奶55毫升，椰粉10克

制作步骤：

1. 将苹果丁和30克细砂糖倒入平底锅中，加热约10分钟，待苹果变软后，加入柠檬汁和肉桂粉，搅拌均匀。
2. 将温室软化的黄油及细砂糖60克倒入搅拌盆中，用电动打蛋器搅拌均匀。
3. 分次加入鸡蛋，搅拌至完全融合，筛入低筋面粉、泡打粉及盐，搅拌均匀。
4. 倒入牛奶及一半苹果丁，搅拌均匀，制成蛋糕糊，装入裱花袋。
5. 将蛋糕糊挤入蛋糕纸杯，至八分满，在表面放上剩余的苹果丁，撒上一些椰粉。
6. 放进预热至175℃的烤箱中，烘烤约25分钟，烤好后，取出放凉。

分量
4人份

烤箱温度
上火180℃、下火180℃

烤制时间
15分钟

薄荷酒杯子蛋糕

难易度：★☆☆

配方：

蛋糕糊：无盐黄油80克，细砂糖40克，炼奶100克，鸡蛋2个，低筋面粉120克，泡打粉3克；装饰：淡奶油100克，细砂糖20克，草莓3颗，薄荷酒适量

制作步骤：

1. 将无盐黄油及40克细砂糖倒入搅拌盆中，搅拌均匀。
2. 倒入炼奶，搅拌均匀。
3. 分3次加入鸡蛋，每次都要搅拌均匀。

4. 筛入低筋面粉及泡打粉,搅拌均匀,制成蛋糕糊,装入裱花袋中。
5. 将蛋糕纸杯放入玛芬模具中,再将蛋糕糊挤入蛋糕纸杯至八分满,放进预热至180℃的烤箱中,烘烤约15分钟。
6. 将淡奶油及20克细砂糖倒入搅拌盆中,用电动打蛋器打发。
7. 倒入薄荷酒,搅拌均匀,装入裱花袋中。
8. 取出烤箱中的杯子蛋糕,震动几下,放凉。
9. 将已打发的薄荷酒淡奶油挤在已放凉的杯子蛋糕表面,放上草莓装饰即可。

分量
6人份

烤箱温度
上火170℃、下火160℃

烤制时间
18分钟

难易度：★★☆

朗姆酒树莓蛋糕

配方：

蛋糕糊：无盐黄油90克，细砂糖105克，盐2克，64%黑巧克力35克，鸡蛋80克，低筋面粉140克，泡打粉2克，可可粉10克，朗姆酒60毫升；**装饰**：新鲜树莓6个，淡奶油200克，黄色色素适量

制作步骤：

1. 无盐黄油倒入搅拌盆中，加入细砂糖及盐，用手动打蛋器搅打均匀。
2. 黑巧克力隔水熔化后，倒入搅拌盆中，快速搅打均匀。
3. 分两次加入鸡蛋，打至软滑。
4. 再筛入低筋面粉、泡打粉及可可粉，搅拌至无颗粒状。
5. 加入朗姆酒，用橡皮刮刀拌匀至充分融合，将蛋糕糊装入裱花袋，拧紧裱花袋口。
6. 烤盘中放上杯子蛋糕纸杯，将蛋糕糊挤入纸杯中至七分满。烤箱温度以上火170℃、下火160℃预热，蛋糕放入烤箱中层，全程烤约18分钟。

7. 将淡奶油装入干净的搅拌盆中，用电动打蛋器快速打发，至可提起鹰钩状即可。

8. 取一小部分已打发的奶油，加入几滴黄色色素，再充分搅拌均匀。

9. 将已打发好的奶油分别装入裱花袋中，挤在已经放凉的蛋糕表面，先用白色奶油挤出花瓣形状，再用黄色奶油点缀出花芯。

10. 最后再加上树莓装饰即可。

Tips

加入的鸡蛋不可使用冷藏的鸡蛋，不然可能造成蛋和油无法融合，影响蛋糕口感。

分量
4人份

烤箱温度
上火190℃、下火180℃

烤制时间
15~18分钟

难易度：★☆☆

鲜奶油玛芬

配方：

低筋面粉100克，黄油65克，鸡蛋60克，细砂糖80克，动物性淡奶油40克，炼奶10克，泡打粉1/2小勺，盐适量

制作步骤：

1. 烤箱通电后，将黄油放入烤盘中，加热至熔化，并同步进行烤箱的预热（上火190℃、下火180℃）。
2. 将动物性淡奶油、盐、细砂糖和炼奶装碗，搅打均匀。
3. 再打入鸡蛋，打发，接着把黄油倒入碗中拌匀。
4. 将泡打粉倒入低筋面粉中充分拌匀，倒入打发好的黄油中，用长柄刮板翻拌，直到材料完全混合均匀。
5. 把面糊装入裱花袋中，再把面糊挤到置于烤盘上的纸杯中约八分满。
6. 将纸杯放入预热好的烤箱中，烘烤15~18分钟，直到蛋糕完全膨胀，表面呈现金黄色，烤好后取出即可。

 Tips

动物性淡奶油是从牛奶中提炼出来的产物，植脂奶油是人造奶油，可根据具体情况使用。

分量
4人份

烤箱温度
上火180℃、下火180℃

烤制时间
20~25分钟

难易度：★☆☆

草莓乳酪玛芬

配方：

奶油奶酪100克，无盐黄油50克，细砂糖70克，鸡蛋100克，低筋面粉120克，泡打粉2克，浓缩柠檬汁5毫升，草莓适量

制作步骤：

1. 将奶油奶酪及无盐黄油倒入搅拌盆中，用电动打蛋器搅打均匀。
2. 倒入细砂糖，继续搅打至蓬松羽毛状。
3. 分次加入鸡蛋，每次均搅拌均匀，再加入柠檬汁，充分搅拌均匀。
4. 筛入低筋面粉及泡打粉，搅拌均匀，制成蛋糕糊。
5. 将蛋糕糊装入裱花袋，垂直挤入到蛋糕纸杯中，至七分满，在表面放上少许草莓。
6. 放入预热至180℃的烤箱中，烘烤20~25分钟即可出炉。

蛋糕糊挤入蛋糕纸杯时不可过满，因为蛋糕在烘烤过程中会膨胀变大。

分量
6人份

烤箱温度
上火160℃、下火160℃

烤制时间
16分钟

奶油乳酪玛芬

配方：

奶油奶酪100克，无盐黄油50克，细砂糖70克，鸡蛋2个，低筋面粉120克，泡打粉2克，柠檬汁适量，杏仁片适量

制作步骤：

1. 奶油奶酪和无盐黄油放入搅拌盆，用电动打蛋器打发至绵密状。
2. 细砂糖分两次倒入，用电动打蛋器慢速打发。
3. 分两次加入鸡蛋，每次加入一个，用电动打蛋器搅拌均匀。

4. 倒入柠檬汁，慢慢搅拌均匀。注意不要过度搅拌，会影响玛芬口感。
5. 筛入低筋面粉和泡打粉。
6. 用橡皮刮刀搅拌均匀，制成蛋糕糊。
7. 将蛋糕糊装入裱花袋，用剪刀在裱花袋尖端处剪一个小口，将蛋糕糊垂直挤入蛋糕纸杯中，至八分满。
8. 在表面均匀撒上杏仁片。
9. 烤箱以上火160℃、下火160℃预热，蛋糕放入烤箱，烤约16分钟，取出后放于散热架待其冷却即可。

烤制时可用牙签戳入蛋糕中间，拔出后牙签表面没有糊状颗粒即可。

分量
6人份

烤箱温度
上火170℃，下火170℃

烤制时间
20分钟

难易度：★☆☆

花生酱杏仁玛芬

配方：

松饼粉200克，无盐黄油80克，细砂糖100克，鸡蛋2个，牛奶140毫升，花生酱30克，杏仁粒适量

制作步骤:

1. 将细砂糖及室温软化的无盐黄油倒入搅拌盆中,搅拌至融合。
2. 倒入花生酱,继续搅拌均匀。
3. 鸡蛋打散,倒入步骤2制成的混合物中,每次均用橡皮刮刀充分搅拌均匀。
4. 筛入松饼粉,用橡皮刮刀搅拌均匀。
5. 倒入牛奶,搅拌均匀,制成蛋糕糊。
6. 将蛋糕糊装入裱花袋中,再用剪刀在裱花袋尖端处剪一小口。

7. 取玛芬模具，在玛芬模具中放入蛋糕纸杯。
8. 将蛋糕糊垂直挤入蛋糕纸杯中，至八分满。
9. 将备好的杏仁粒切碎，再撒在蛋糕表面，提起玛芬模具轻震几下。
10. 放入预热至170℃的烤箱中，烘烤约20分钟，至表面呈金黄色，取出即可。

放入鸡蛋时，应分两次以上加入，并每次都搅拌均匀。

分量 6人份

烤箱温度 上火160℃、下火160℃

烤制时间 15分钟

难易度：★★☆

黑糖蒸蛋糕

配方：

鸡蛋2个，细砂糖30克，香草精2滴，盐少许，低筋面粉110克，塔塔粉2克，无盐黄油20克，牛奶65毫升，黑糖75克

制作步骤：

1. 将鸡蛋、盐及细砂糖倒入搅拌盆中，搅打3分钟。
2. 筛入低筋面粉及塔塔粉，搅拌均匀，制成鸡蛋面糊。
3. 取一新的搅拌盆，将黑糖与牛奶倒入，搅拌均匀，倒入香草精，搅拌均匀，成黑糖牛奶。
4. 将无盐黄油加热熔化，倒入黑糖牛奶中，搅拌均匀。
5. 再倒入鸡蛋面糊中，搅拌均匀，制成蛋糕糊，再装入裱花袋中，垂直挤入蛋糕纸杯中。
6. 将蛋糕纸杯放在烤盘上，在烤盘中注水，放入预热至160℃的烤箱中，烘烤约15分钟即可。

制作这款蛋糕最重要的就是，在烤盘中加水烤制。

Part 3

全家分享大蛋糕

美好的生活就像一块大蛋糕,
幸福就是它的味道。
每个家庭都有钟爱的蛋糕,
每个蛋糕都有自己的故事。
为全家人制作大蛋糕,
还有满满的爱与小确幸。

分量
4人份

烤箱温度
上火175℃、下火175℃

烤制时间
25分钟

难易度：★★☆

反转菠萝蛋糕

配方：

表层： 菠萝150克，细砂糖30克，无盐黄油30克；**蛋黄糊：** 蛋黄4个，糖粉30克，低筋面粉55克，无盐黄油40克；**蛋白霜：** 蛋清4个，糖粉40克

扫码看视频

制作步骤：

1. 将30克无盐黄油及30克细砂糖倒入锅中，加热煮至黏稠状，倒入模具底部，放入菠萝厚片，即为表层。
2. 取一搅拌盆，倒入蛋黄及30克糖粉，搅拌均匀，筛入低筋面粉，搅拌均匀。
3. 将40克无盐黄油加热熔化，分次倒入搅拌盆中，搅拌均匀，即为蛋黄糊。
4. 取一新的搅拌盆，倒入蛋清和40克糖粉，用电动打蛋器快速打发，制成蛋白霜。
5. 将1/3蛋白霜加入蛋黄糊中，搅拌均匀，再倒回至剩余的蛋白霜中，搅拌均匀，制成蛋糕糊。
6. 将蛋糕糊倒入大号天使蛋糕模中，放入预热至175℃的烤箱中烘烤约25分钟即可。

分量
5人份

烤箱温度
上、下火160℃转
上、下火180℃

烤制时间
70分钟

― 难易度：★★☆ ―

纽约芝士蛋糕

配方：

饼底：奥利奥饼干80克，无盐黄油（热熔）40毫升；**蛋糕体**：奶油奶酪200克，细砂糖40克，鸡蛋50克，酸奶油100克，柳橙果粒果酱15克，低筋面粉20克，牛奶少许；**装饰**：酸奶油100克，糖粉20克，新鲜蓝莓适量

制作步骤：

1. 将奥利奥饼干用擀面杖碾成碎末，加入熔化的无盐黄油，搅拌均匀后倒入模具中，压实，放入冰箱冷冻5分钟定型。
2. 将奶油奶酪和细砂糖倒入搅拌盆中打至软滑，加入牛奶、100克酸奶油杣柳橙果粒果酱，搅拌均匀，倒入鸡蛋，搅拌均匀，筛入低筋面粉，搅拌均匀，制成蛋糕糊。
3. 将蛋糕糊倒入刷好黄油的模具中，放入预热至160℃的烤箱中，烘烤约50分钟，再转用180℃烘烤10分钟。
4. 将100克酸奶油和糖粉混合均匀。
5. 将烤好的蛋糕取出，稍放凉，脱模，将步骤4制成的混合物倒于蛋糕表面，再放入烤箱中，烘烤约10分钟。
6. 烤好的蛋糕在烤箱内放至温热后再取出，放凉，放上新鲜蓝莓装饰即可。

分量
3人份

烤箱温度
上火170℃、下火170℃

烤制时间
60分钟

菠萝芝士蛋糕

配方：

蛋糕糊： 奶油奶酪150克，细砂糖30克，鸡蛋50克，原味酸奶50克，朗姆酒15毫升，杏仁粉30克，玉米淀粉10克；

装饰： 菠萝果肉150克，蓝莓40克，镜面果胶适量

制作步骤：

1. 将室温软化的奶油奶酪倒入搅拌盆中，加入细砂糖，搅打至顺滑。
2. 分两次加入鸡蛋，用手动打蛋器搅拌至完全融合。
3. 倒入原味酸奶，搅拌均匀。

4. 倒入朗姆酒，搅拌均匀。
5. 筛入杏仁粉和玉米淀粉，用手动打蛋器充分搅拌均匀，制成芝士糊。
6. 取陶瓷烤碗，将芝士糊倒入陶瓷烤碗中至八分满，再抹平表面。
7. 将切好的菠萝整齐地摆放于芝士糊表面，再插空摆上适量蓝莓。
8. 放入预热至170℃的烤箱中，烘烤约60分钟，至表面呈焦色，将烤好的蛋糕取出，稍稍放凉，在表面刷上镜面果胶即可。

分量
5人份

烤箱温度
上火170℃、下火170℃

烤制时间
25~30分钟

难易度：★★☆

朗姆酒奶酪蛋糕

配方：

饼干底：消化饼干80克，无盐黄油25克；芝士液：奶油奶酪300克，淡奶油80克，细砂糖60克，朗姆酒120毫升，鸡蛋70克，浓缩柠檬汁30毫升，低筋面粉25克

制作步骤：

1. 将消化饼干压碎，倒入搅拌盆中，加入无盐黄油，用橡皮刮刀搅拌均匀。
2. 将慕斯圈的底部包上锡纸，放入饼干碎，压紧实，放入冰箱冷藏30分钟。
3. 将奶油奶酪及细砂糖倒入搅拌盆中，用电动打蛋器搅打至顺滑。
4. 倒入打散的鸡蛋，搅拌均匀。
5. 再依次加入淡奶油、朗姆酒，每放入一样食材都需要搅拌均匀。
6. 加入浓缩柠檬汁，搅拌均匀。

7. 将低筋面粉过筛至搅拌盆里，用橡皮刮刀搅拌均匀，制成芝士糊。
8. 将拌匀的芝士糊筛入干净的搅拌盆中。
9. 取出放有饼底的慕斯圈，倒入芝士糊，抹平表面。
10. 放入预热至170℃的烤箱中，烘烤25~30分钟，取出烤好的蛋糕放凉至室温，再放入冰箱冷藏3小时即可。

Tips

无盐黄油最好先在室温下软化，或者直接隔水加热至熔化。

分量 3人份
烤箱温度 上火170℃、下火170℃
烤制时间 35分钟

难易度：★☆☆

什锦果干芝士蛋糕

配方：

什锦果干70克，核桃仁30克，白兰地80毫升，奶油奶酪125克，无盐黄油50克，细砂糖50克，鸡蛋75克，牛奶30毫升，低筋面粉120克，泡打粉2克，盐1克

制作步骤:

1. 将室温软化的奶油奶酪倒入搅拌盆中,加入细砂糖,搅打均匀。
2. 加入室温软化的无盐黄油,继续搅拌至无颗粒状态。
3. 筛入低筋面粉及泡打粉,用橡皮刮刀搅拌均匀。
4. 加入盐,搅拌均匀,分两次倒入鸡蛋,搅拌均匀。
5. 加入牛奶、用白兰地浸泡后的什锦果干及核桃仁,搅拌均匀,制成蛋糕糊。
6. 在模具内部涂抹一层黄油,将蛋糕糊倒入其中,放进预热至170℃的烤箱中烘烤约35分钟,至表面金黄,烤好后,放凉,脱模即可。

Tips

将什锦果干洗净,用白兰地浸泡一夜,味道更佳。

分量: 4人份
烤箱温度: 上火180℃、下火180℃
烤制时间: 45分钟

难易度：★★☆

大豆黑巧克力蛋糕

配方：

蛋糕糊：水发黄豆150克，清水20毫升，枫糖浆70克，黑巧克力100克，可可粉15克，柠檬汁15毫升，泡打粉2克，苏打粉1克；**装饰**：薄荷叶少许，红枣（对半切开）适量

制作步骤：

1. 将水发黄豆倒入搅拌机中，搅打成泥，倒入清水、枫糖浆，再次用搅拌机搅打均匀，倒入干净的搅拌盆中。
2. 将黑巧克力切成小块后装入碗中，再隔55℃的温水熔化，制成巧克力液。
3. 将巧克力液倒入搅拌盆里，再倒入可可粉，用橡皮刮刀翻拌至无干粉的状态。
4. 倒入柠檬汁、泡打粉、苏打粉，搅拌均匀，即成蛋糕糊。
5. 将蛋糕糊倒入铺有油纸的6寸蛋糕模中至七分满。
6. 将蛋糕模放入已预热至180℃的烤箱中层，烘烤约45分钟，取出放凉脱模，装饰薄荷叶和红枣即可。

分量
4人份

烤箱温度
上火170℃，下火170℃

烤制时间
30分钟

难易度：★☆☆

磅蛋糕

配方：

低筋面粉100克，全蛋（2个）108克，细砂糖60克，无盐黄油100克，防潮糖粉少许，可可粉少许，装饰用银珠少许

制作步骤:

1. 将全蛋、细砂糖放入大玻璃碗中,用电动打蛋器搅打均匀,隔热水(水温约70℃)加热,搅打至不易滴落的黏稠状,取出。
2. 将低筋面粉过筛至大玻璃碗中,用橡皮刮刀翻拌至无干粉状态。
3. 加入已经融化好的无盐黄油,充分搅拌均匀,即成蛋糕糊。
4. 取蛋糕模具,倒入蛋糕糊,轻震几下排出大气泡,放入已预热至170℃的烤箱中层,烘烤约30分钟。
5. 取出,脱模,放在转盘上,筛上一层防潮糖粉。
6. 边转动转盘,边用抹刀从蛋糕中心点开始往外圈移动,撒上少许可可粉,再放上装饰用银珠即可。

分量
5人份

烤箱温度
上火180℃、下火180℃

烤制时间
35分钟

难易度：★★☆

地瓜叶红豆磅蛋糕

配方：

地瓜叶30克，植物油60毫升，细砂糖60克，牛奶150毫升，鸡蛋50克，低筋面粉130克，泡打粉5克，熟地瓜80克，蜜红豆粒适量

制作步骤：

1. 在平底锅中倒入少许植物油，放入地瓜叶，炒熟，放凉。
2. 将炒好的地瓜叶和牛奶倒入榨汁机中，制成地瓜叶牛奶汁。
3. 将鸡蛋及细砂糖倒入搅拌盆中，用打蛋器搅打均匀，倒入剩余的植物油，拌匀，倒入地瓜叶牛奶汁，搅拌均匀。
4. 筛入低筋面粉及泡打粉，搅拌均匀，再倒入2/3的蜜红豆粒，搅拌均匀，制成蛋糕糊。
5. 将蛋糕糊倒入磅蛋糕模具中，在表面放上熟地瓜和蜜红豆粒。
6. 最后放入预热至180℃的烤箱中，烘烤约35分钟，烤好后，取出放凉，脱模即可。

难易度：★★☆

芒果芝士蛋糕

配方：

饼干底：消化饼干60克，无盐黄油（热熔）35毫升；芝士液：奶油奶酪200克，芒果泥100克，吉利丁片3片，细砂糖40克，淡奶油80克，芒果片适量

制作步骤：

1. 将消化饼干装入裱花袋中，敲碎，倒入熔化的无盐黄油，搅拌均匀。
2. 倒入包好保鲜膜的慕斯圈中，压实，放入冰箱冷冻半小时。
3. 将奶油奶酪倒入搅拌盆中，分次加入淡奶油，搅拌均匀。

4. 倒入细砂糖，搅拌均匀。
5. 将泡软的吉利丁片装入碗中，隔热水搅拌至熔化，再倒入混合物中，搅拌均匀。
6. 倒入芒果泥，搅拌均匀，制成芝士液。
7. 倒一半芝士液在铺有饼底的慕斯圈中，再均匀地放上一层芒果片。
8. 再倒入另外一半芝士液，整体放入冰箱冷藏约4个小时至成形。
9. 取出冷藏好的蛋糕，用喷枪烘烤一下慕斯圈表面，再脱模，然后切块即可。

难易度：★☆☆

水晶蛋糕

配方：

戚风蛋糕体1个，打发的植物鲜奶油适量，菠萝果肉50克，黄桃果肉50克，巧克力片40克，香橙果膏50克，猕猴桃1个，提子少许

制作步骤：

1. 将洗净的猕猴桃去皮，用小刀在猕猴桃上切一圈齿轮花刀，再掰开成两半。
2. 依此方法将提子切成两瓣。
3. 把蛋糕体放在转盘上，用蛋糕刀在其2/3处平切成两块，取下切下来的蛋糕，待用。
4. 在切口上抹一层植物鲜奶油。
5. 盖上另一块蛋糕。
6. 转动转盘，同时在蛋糕上涂抹植物鲜奶油，至包裹住整个蛋糕。

7. 再用抹刀将蛋糕上的奶油涂抹均匀。
8. 倒上香橙果膏，用抹刀将其裹满整个蛋糕。
9. 把蛋糕装入备好的平底盘中，再置于转盘上，在蛋糕底侧粘上巧克力片。
10. 放上备好的水果装饰即可。

涂抹奶油时，转盘旋转的速度不能过快，以免涂抹不均匀。

分量 5人份

冷藏时间 4小时

难易度：★★☆

生乳酪蛋糕

配方：

饼干底：消化饼干80克，有盐黄油30克；

芝士糊：奶油奶酪200克，细砂糖50克，酸奶150克，淡奶油200克，柠檬汁适量，吉利丁片4克；装饰：柠檬、蜂蜜各适量

扫码看视频

制作步骤：

1. 将消化饼干碾碎，倒入搅拌盆中，加入有盐黄油，搅拌均匀，倒入直径15厘米的活底蛋糕模中，压成饼干底，放进冰箱冷冻。
2. 取一新的搅拌盆，将奶油奶酪放入，倒入细砂糖，搅打至顺滑。
3. 加入柠檬汁及酸奶，搅拌均匀，加入泡软、煮熔的吉利丁片，搅拌均匀。
4. 取一新的搅拌盆，倒入淡奶油，用电动打蛋器打发。
5. 将打发的淡奶油分次加入到步骤3的酸奶混合物中，搅拌均匀，制成芝士糊。
6. 将芝士糊倒入有饼干底的模具中，放进冰箱中冷藏4小时至凝固，取出后用喷火枪脱模，放上切片的柠檬，倒上蜂蜜装饰即可。

分量
5人份
烤箱温度
上火170℃、下火160℃
烤制时间
20分钟

难易度：★★☆

戚风蛋糕

配方：

蛋黄4个，细砂糖100克，色拉油45毫升，牛奶45毫升，低筋面粉70克，泡打粉1克，盐1克，蛋白4个，柠檬汁1毫升

制作步骤:

1. 烤箱通电,以上火170℃、下火160℃进行预热。
2. 将色拉油、牛奶和20克细砂糖倒入玻璃碗中,搅拌均匀。
3. 加入蛋黄拌匀,接着加入盐拌匀,然后加入泡打粉拌匀,加入低筋面粉,用搅拌器拌匀至无面粉小颗粒状。
4. 另置一玻璃碗,倒入蛋白,加入80克细砂糖,用电动打蛋器打至硬性发泡后,加入柠檬汁继续搅拌。
5. 先将蛋黄面粉糊和一半的蛋白糊混合,翻拌均匀,再倒入另一半蛋白糊,拌匀后倒入蛋糕模具,用刮板使表面平整。
6. 放入烤箱烤20分钟左右,烤好后马上取出倒扣放凉以防回缩;彻底冷却后,将蛋糕倒出来即可。

Tips

戚风蛋糕烤焙的时候,需要依靠模具壁的附着力向上爬,所以烤的时候不能使用防黏的蛋糕模,更不能在蛋糕模里铺烘焙纸。

分量：5人份
烤箱温度：上火170℃、下火160℃
烤制时间：20分钟

难易度：★☆☆

肉松戚风蛋糕

配方：

蛋黄50克，细砂糖100克，色拉油45毫升，牛奶45毫升，低筋面粉70克，泡打粉1克，盐1克，蛋白100克，柠檬汁1毫升，肉松100克

制作步骤：

1. 烤箱通电，以上火170℃、下火160℃进行预热；将色拉油、牛奶和20克细砂糖倒入玻璃碗中，拌匀。
2. 加入蛋黄搅拌均匀，加入盐拌匀，再加入泡打粉搅拌均匀，加入低筋面粉，并用搅拌器搅拌均匀至无颗粒。
3. 另取一只玻璃碗，在蛋白中加入80克细砂糖，用电动打蛋器打至硬性发泡，加入柠檬汁继续搅拌。
4. 先将蛋黄糊和一半蛋白糊混合，从底往上翻拌，再倒入剩下的蛋白糊拌匀，接着倒入蛋糕模具，用长柄刮板刮平表面。
5. 把肉松均匀撒在面糊上。
6. 放入烤箱烤20分钟左右，马上取出倒扣，放凉后脱模即可。

Tips

制作戚风蛋糕一定要使用无味的植物油，绝不能使用花生油、橄榄油这类味道重的油，也不能用黄油替代。

分量
4人份

烤箱温度
上火170℃、下火170℃

烤制时间
35分钟

斑马纹蛋糕

难易度：★★☆

配方：

蛋糕糊：鸡蛋3个，细砂糖100克，低筋面粉150克，无盐黄油150克，可可粉7克；
装饰：淡奶油100克，黑巧克力100克

扫码看视频

制作步骤：

1. 取一大盆，倒入热水，将搅拌盆放入其中，在搅拌盆中倒入鸡蛋和细砂糖，用电动打蛋器打至发白。
2. 将150克无盐黄油隔水加热熔化，倒入步骤1的混合物中，搅拌均匀。
3. 筛入低筋面粉，搅拌均匀，平均分成两份，将其中一份装入裱花袋。

4. 在剩余的一份中筛入可可粉，搅拌均匀，装入裱花袋。
5. 在直径15厘米的活底蛋糕模中先挤入白色蛋糕糊，再从模具的中心处开始挤入可可蛋糕糊，此做法重复约3次，将两种蛋糕糊全部挤入。
6. 放入预热至170℃的烤箱中烘烤约35分钟，取出放凉，脱模。
7. 将淡奶油倒入小锅中煮滚，倒入黑巧克力中，搅拌至黑巧克力完全熔化。
8. 将步骤7制成的混合物抹在烤好的蛋糕体表面，用抹刀划出纹路即可。

 Tips

烤好的蛋糕可以从中间分层，在中间抹上奶油和新鲜水果，可以使口感更丰富。

动物园鲜果蛋糕

配方：

蛋糕糊：蛋白2个，塔塔粉1克，盐1克，细砂糖50克，蛋黄2个，色拉油30毫升，水35毫升，粟粉7克，低筋面粉36克，泡打粉2克，香草精适量；**装饰**：淡奶油200克，糖粉10克，新鲜水果、动物小旗各适量

制作步骤:

1. 将水和色拉油倒入搅拌盆中,搅拌均匀,筛入粟粉、低筋面粉、泡打粉,搅拌均匀。
2. 倒入蛋黄,搅拌均匀,倒入香草精,搅拌均匀,呈淡黄色面糊状。
3. 取一个新的搅拌盆,倒入蛋白、塔塔粉及盐,搅拌均匀。
4. 分三次加入细砂糖,边倒入边用电动打蛋器搅拌至可提起鹰钩状,制成蛋白霜。
5. 搅拌均匀后,取1/3的蛋白霜加入到淡黄色面糊中,搅拌均匀。
6. 拌好后,再倒入剩余的蛋白霜中,搅拌均匀。

7. 将拌好的面糊倒入直径约为15厘米的活底戚风蛋糕模中。
8. 烤箱以上火170℃、下火150℃预热，将蛋糕放入烤箱，烤约25分钟。
9. 淡奶油加糖粉用电动打蛋器快速打发至可提起鹰钩状。
10. 将奶油抹匀在已冷却的蛋糕体表面，取少量奶油装入裱花袋，在蛋糕上表面挤出一个圆圈，装点上新鲜水果，插上动物小旗即可。

Tips

将蛋糕糊倒入模具时，盆需距离模具30厘米左右。

分量
4人份

烤箱温度
上火160℃、下火160℃

烤制时间
30分钟

难易度：★☆☆

抹茶蜜语

配方：

蛋白4个，细砂糖50克，蛋黄4个，低筋面粉60克，抹茶粉10克，色拉油30毫升，牛奶30毫升，淡奶油100克，水果适量，蜜红豆适量，糖粉适量

制作步骤：

1. 烤箱通电，以上、下火160℃进行预热。把蛋黄、色拉油、牛奶倒入玻璃碗中，用手动打蛋器搅拌均匀。
2. 加入细砂糖拌匀，再加入低筋面粉和抹茶粉，拌成糊状。
3. 另取一玻璃碗，将蛋白和细砂糖用电动打蛋器搅打至发泡。
4. 将打发好的蛋白霜加一半到面粉糊中，用长柄刮板翻拌均匀后，再倒入剩下的蛋白霜翻拌。
5. 把拌好的面糊倒入蛋糕模具中，在桌面轻敲模具，使面糊表面平整，把蛋糕放入预热好的烤箱中烘烤30分钟。
6. 烤好后将蛋糕脱模，用裱花袋将打发好的淡奶油挤在蛋糕上，筛上糖粉，用水果和蜜红豆点缀即可。

Tips

抹茶粉和绿茶粉看起来很像，但使用效果差别很大，不能随意替代。

分量
5人份

烤箱温度
上火170℃、下火170℃

烤制时间
30分钟

难易度：★☆☆

轻乳酪芝士蛋糕

配方：

芝士糊：奶油奶酪125克，牛奶130毫升，蛋黄3个，糖粉40克，低筋面粉15克，玉米淀粉15克；**蛋白霜**：糖粉40克，蛋白3个；**装饰**：镜面果胶适量

制作步骤：

1. 将奶油奶酪放入搅拌盆中，用软刮刀拌匀，分次加入牛奶，用手动打蛋器搅拌均匀。
2. 筛入低筋面粉、玉米淀粉及40克糖粉，搅拌均匀，倒入蛋黄，搅拌均匀，制成芝士糊。
3. 将蛋白及40克糖粉倒入搅拌盆中，用电动打蛋器打发，制成蛋白霜。
4. 将蛋白霜分次倒入步骤2的芝士糊中，搅拌均匀，制成蛋糕糊。
5. 模具内部垫上油纸，将蛋糕糊倒入模具中，在模具底部包好锡纸，放进预热至170℃的烤箱中烘烤30分钟（烤盘中要加水）。
6. 烤好后，取出蛋糕，在蛋糕表面刷上镜面果胶，待凉，脱模即可。

分量
6人份

烤箱温度
上火180℃、下火180℃

烤制时间
30分钟

难易度：★★☆

焦糖芝士蛋糕

配方：

饼干底：消化饼干80克，有盐黄油30克；焦糖酱：细砂糖40克，水10毫升，淡奶油50克；芝士糊：奶油奶酪180克，细砂糖、蛋黄、粟粉各30克，鸡蛋1个，淡奶油50克，朗姆酒5毫升

扫码看视频

制作步骤：

1. 将消化饼干放入搅拌盆中，敲碎，倒入有盐黄油搅拌至充分融合，倒入蛋糕模中，压平压实，放入冰箱冷冻30分钟。
2. 将水和40克细砂糖倒入不粘锅中，煮至黏稠状，倒入淡奶油，搅拌均匀，制成焦糖酱。
3. 取一个新的搅拌盆，倒入奶油奶酪及30克细砂糖，搅拌均匀，倒入蛋黄，搅拌均匀。
4. 倒入鸡蛋，搅拌均匀，倒入焦糖酱，边倒入边搅拌。
5. 倒入朗姆酒及淡奶油，搅拌均匀，筛入粟粉搅拌均匀，制成芝士糊。
6. 将芝士糊倒入装有饼干底的模具中，抹平表面，放进预热至180℃烤箱中烘烤30分钟，取出后在桌面震动几下，脱模即可。

分量
5人份

烤箱温度
上火180℃、下火180℃

烤制时间
25~30分钟

大理石磅蛋糕

难易度：★★★

配方：

材料A：无盐黄油120克，细砂糖60克，鸡蛋100克

材料B：低筋面粉40克，泡打粉1克

材料C：低筋面粉35克，可可粉5克，泡打粉1克

材料D：低筋面粉35克，抹茶粉5克，泡打粉1克

制作步骤：

1. 将室温软化的无盐黄油倒入搅拌盆中，加入细砂糖，拌匀，再用电动打蛋器将其打发。
2. 分两次加入鸡蛋，搅拌均匀。
3. 将步骤2制成的混合物分成三份。

4. 一份筛入低筋面粉及泡打粉,搅拌均匀,制成原味蛋糕糊。
5. 一份筛入低筋面粉、泡打粉及可可粉,搅拌均匀,制成可可蛋糕糊。
6. 最后一份筛入低筋面粉、泡打粉及抹茶粉,搅拌均匀,制成抹茶蛋糕糊。
7. 将原味蛋糕糊、可可蛋糕糊及原味蛋糕糊依次倒入铺好油纸的模具中,抹匀。
8. 放入预热至180℃的烤箱中烘烤25~30分钟,至蛋糕体积膨大,取出,放凉,脱模即可。

水果蛋糕

配方：

戚风蛋糕体1个，香橙果酱、提子、猕猴桃、蓝莓、打发好的植物奶油、巧克力片各适量

制作步骤:

1. 洗净的提子对半切开,剔籽。
2. 洗净的猕猴桃去皮,切成片状待用。
3. 将备好的戚风蛋糕放在干净的转盘上,用蛋糕刀横着对半切开。
4. 将上面一部分蛋糕拿下来,用抹刀均匀地在底部蛋糕切面上抹上一层奶油。
5. 把另一部分盖上,倒入剩下的奶油。
6. 用奶油均匀地涂抹到蛋糕上,四面抹至平滑。

7. 倒入果酱，抹匀，使果酱自然流下。
8. 用抹刀切进蛋糕的底部，撬起蛋糕装入盘中。
9. 将巧克力片插在蛋糕上，做好造型。
10. 将备好的水果摆在蛋糕上装饰即可。

抹奶油的时候力道要均匀，以免奶油薄厚不匀，会影响成品的美观。

分量 4人份
烤箱温度 上火160℃、下火160℃
烤制时间 60分钟

难易度：★☆☆

蔓越莓天使蛋糕

配方：

酸奶120克，植物油40毫升，香草精2滴，低筋面粉95克，蛋白100克，细砂糖75克，蔓越莓干60克

制作步骤：

1. 将植物油及酸奶倒入备好的搅拌盆中，用手动打蛋器搅拌均匀。
2. 筛入低筋面粉，用橡皮刮刀搅拌均匀，倒入香草精，继续搅拌均匀。
3. 取一新的搅拌盆，倒入蛋白及细砂糖，用电动打蛋器快速打发，至可提起鹰嘴状，制成蛋白霜。
4. 分三次将蛋白霜加入步骤2的混合物中，搅拌均匀。
5. 加入蔓越莓干，搅拌均匀，制成蛋糕糊，倒入模具中，震荡几下。
6. 放入预热至160℃的烤箱中，烘烤约60分钟，取出放凉，用抹刀分离蛋糕及模具边缘，脱模即可。

分量 6人份
烤箱温度 上火170℃、下火170℃
烤制时间 25分钟

难易度：★★☆

柠檬蓝莓蛋糕

配方：

蛋糕糊：植物油50毫升，蜂蜜60克，浓缩柠檬汁10毫升，柠檬皮屑15克，鸡蛋110克，细砂糖30克，杏仁粉160克，低筋面粉80克，盐1克，泡打粉2克，蓝莓200克；装饰：奶油奶酪、蓝莓各100克，橙酒10毫升，糖粉15克，浓缩柠檬汁10毫升，薄荷叶少许

制作步骤：

1. 在平底锅中倒入植物油、蜂蜜、10毫升浓缩柠檬汁和柠檬皮屑，煮沸。
2. 在搅拌盆中倒入鸡蛋及细砂糖，搅打至发白状态，此过程需隔水加热。再筛入杏仁粉、低筋面粉、盐及泡打粉，搅拌均匀。
3. 加入步骤1制成的混合物及200克蓝莓，搅拌均匀，制成蛋糕糊。
4. 将蛋糕糊倒入铺有油纸的蛋糕模具中，放入预热至170℃的烤箱，烘烤约25分钟，烤好后取出，放凉。
5. 将室温软化的奶油奶酪及糖粉倒入搅拌盆，搅打至顺滑状态，加入橙酒及10毫升浓缩柠檬汁，搅拌均匀。
6. 将步骤5的混合物涂抹在放凉的蛋糕表面，放上蓝莓和薄荷叶装饰即可。

素胡萝卜蛋糕

难易度：★☆☆

配方：

蛋糕糊：芥花籽油40毫升，枫糖浆40克，豆浆75毫升，盐1克，胡萝卜丝90克，全麦面粉70克，泡打粉1克，苏打粉5克；内馅：豆腐300克，枫糖浆30克，柠檬汁10毫升，柠檬皮碎5克

制作步骤：

1. 将芥花籽油、枫糖浆、豆浆、盐倒入搅拌盆中，用手动打蛋器搅拌均匀。
2. 倒入胡萝卜丝，搅拌均匀，筛入全麦面粉、泡打粉、苏打粉，翻拌至无干粉的状态，制成蛋糕糊。
3. 将蛋糕糊倒入6寸中空烟囱模具中，轻轻震几下，再用橡皮刮刀将表面抹平整，将模具放入已预热至180℃的烤箱中层，烤约35分钟，取出，放凉，脱模。
4. 将脱模的蛋糕放在转盘上，用齿刀切成厚薄一致的两片蛋糕片。
5. 将豆腐倒入搅拌盆中，用电动打蛋器搅打成泥，倒入枫糖浆、柠檬皮碎、柠檬汁，搅拌均匀，制成蛋糕馅。
6. 将适量蛋糕馅抹在其中一片蛋糕片上，盖上另一片蛋糕片，将剩余蛋糕馅均匀涂抹在蛋糕表面，抹匀即可。

分量 5人份
烤箱温度 上火180℃、下火180℃
烤制时间 35分钟

难易度：★☆☆

香橙磅蛋糕

配方：

芥花籽油30毫升，蜂蜜50克，盐0.5克，柠檬汁7毫升，香橙汁80毫升，低筋面粉70克，淀粉15克，泡打粉1克，热带水果干20克

制作步骤：

1. 将芥花籽油、蜂蜜倒入搅拌盆中，用手动打蛋器搅拌均匀。
2. 倒入盐、柠檬汁，用手动打蛋器搅拌均匀，倒入香橙汁，继续搅拌均匀。
3. 将低筋面粉、淀粉、泡打粉过筛至搅拌盆里，搅拌至无干粉的状态，制成面糊。
4. 倒入热带水果干，搅拌均匀，制成蛋糕糊。
5. 取蛋糕模具，倒入蛋糕糊。
6. 将蛋糕模具放入已预热至180℃的烤箱中层，烤约35分钟，取出烤好的香橙磅蛋糕，脱模后切块装盘即可。

玉米蛋糕

配方：

蛋糕糊：低筋面粉120克，玉米汁140毫升，蜂蜜20克，玉米粉15克，芥花籽油25毫升，泡打粉1克，苏打粉1克，盐1克；**玉米面碎：**芥花籽油10毫升，藻糖1克，玉米粉10克，低筋面粉25克

制作步骤：

1. 将藻糖、10毫升芥花籽油倒入搅拌盆中，用叉子搅拌均匀。
2. 倒入10克玉米粉、25克低筋面粉，搅拌至无干粉的状态，用叉子分散，制成玉米面碎。
3. 将蜂蜜、25毫升芥花籽油倒入另一搅拌盆中，用手动打蛋器搅拌均匀，倒入盐，搅拌均匀，倒入玉米汁，搅拌均匀。
4. 筛入15克玉米粉、泡打粉、苏打粉、120克低筋面粉，搅拌至无干粉的状态，制成蛋糕糊。
5. 取磅蛋糕模具，倒入蛋糕糊，再用擦网将玉米面碎擦成丝后铺在蛋糕糊上。
6. 将模具放在烤盘上，再移入已预热至180℃的烤箱中层，烤约40分钟，取出，放凉，脱模，装盘即可。

分量
3人份

烤箱温度
上火180℃、下火180℃

烤制时间
30分钟

红枣蛋糕

难易度：★☆☆

配方：

蜂蜜60克，芥花籽油40毫升，红枣汁140毫升，盐1克，低筋面粉87克，全麦粉50克，泡打粉1克，苏打粉1克，无花果块25克

制作步骤：

1. 将蜂蜜、芥花籽油倒入搅拌盆中，用手动打蛋器搅拌均匀。
2. 倒入红枣汁，搅拌均匀。
3. 倒入盐，搅拌均匀。

4. 将备好的低筋面粉、全麦粉、泡打粉、苏打粉一同过筛至搅拌盆中。
5. 用手动打蛋器将盆中材料充分搅拌至无干粉的状态,制成面糊。
6. 倒入无花果块,拌匀,制成蛋糕糊。
7. 将蛋糕糊倒入铺有油纸的磅蛋糕模具中。
8. 磅蛋糕模具放在烤盘上,移入已预热至180℃的烤箱中层,烘烤约30分钟即可。

分量 6人份
制作时间 30分钟

难易度：★☆☆

巧克力水果蛋糕

配方：

戚风蛋糕体1个，提子50克，打发的植物鲜奶油适量，巧克力果膏80克，黑巧克力片40克，猕猴桃1个，白巧克力片少许

制作步骤：

1. 将洗净的猕猴桃去皮，用小刀在猕猴桃上切一圈齿轮花刀，再掰开成两半。
2. 依此将提子切成两瓣。
3. 把备好的戚风蛋糕体放在转盘上，用蛋糕刀在其2/3处平切成两块。
4. 在切口上抹一层植物鲜奶油，盖上另一块蛋糕。
5. 转动转盘，同时在蛋糕上涂抹植物鲜奶油，至包裹住整个蛋糕。
6. 用抹刀将奶油抹匀。

7. 倒上巧克力果膏，用抹刀将其裹满整个蛋糕。
8. 将蛋糕装入盘中，再置于转盘上，在蛋糕底侧粘上黑巧克力片。
9. 在顶部放上切好的猕猴桃、提子。
10. 最后再插上白巧克力片即可。

摆放水果时要轻轻放下，以免破坏奶油表面的平整。

分量
6人份

烤箱温度
上火180℃、下火180℃

烤制时间
35分钟

难易度：★☆☆

无糖椰枣蛋糕

配方：

芥花籽油30毫升，椰浆30毫升，南瓜汁200毫升，盐0.5克，低筋面粉160克，泡打粉2克，苏打粉2克，干红枣（去核）10克，碧根果仁15克

制作步骤：

1. 将芥花籽油、椰浆倒入搅拌盆中,用手动打蛋器搅拌均匀。
2. 再倒入南瓜汁、盐,搅拌均匀。
3. 将低筋面粉、泡打粉、苏打粉过筛至搅拌盆中,搅拌至无干粉的状态,制成蛋糕糊。
4. 将蛋糕糊倒入铺有油纸的蛋糕模中,铺上干红枣,撒上捏碎的碧根果仁。
5. 将蛋糕模放在烤盘上,再移入已预热至180℃的烤箱中层,烤约35分钟。
6. 取出烤好的无糖椰枣蛋糕,脱模后装盘即可。

分量 6人份
烤箱温度 上火180℃、下火180℃
烤制时间 45分钟

难易度：★★☆

胡萝卜蛋糕

配方：

蛋糕糊：胡萝卜碎、苹果碎各75克，鸡蛋3个，细砂糖150克，盐、泡打粉各2克，色拉油135毫升，高筋面粉135克，肉桂粉5克，核桃碎、蔓越莓干各30克；**夹馅**：奶油奶酪200克，细砂糖50克，淡奶油15克

制作步骤：

1. 将鸡蛋倒入搅拌盆中，打散，倒入盐及150克细砂糖，快速打发。
2. 倒入色拉油，搅拌均匀，筛入高筋面粉、泡打粉及肉桂粉，搅拌均匀。
3. 倒入胡萝卜碎、苹果碎、核桃碎及蔓越莓干，搅拌均匀，制成蛋糕糊，倒入直径15厘米的活底蛋糕模中，放入预热至180℃的烤箱中烘烤约45分钟，烤好后放凉。
4. 将奶油奶酪用电动打蛋器搅打至顺滑。
5. 倒入淡奶油及50克细砂糖，搅拌均匀，装入裱花袋中。
6. 将烤好的蛋糕脱模，切成3层，在每两层之间挤上夹馅，抹平，剩余的抹在蛋糕表面呈波浪状即可。

分量 4人份

烤箱温度 上火150℃、下火120℃

烤制时间 30~45分钟

难易度：★☆☆

经典轻乳酪蛋糕

配方：

奶油奶酪125克，蛋黄30克，蛋白70克，动物性淡奶油50克，牛奶75毫升，低筋面粉30克，细砂糖50克

制作步骤:

1. 烤箱通电,以上火150℃、下火120℃进行预热。把奶油奶酪倒入玻璃碗中稍微打散,分多次加入牛奶并搅拌均匀。
2. 加入动物性淡奶油继续搅拌,然后加入蛋黄搅拌,再加低筋面粉,用手动打蛋器搅拌成膏状。
3. 另置一玻璃碗,将蛋白和细砂糖用电动打蛋器打发,使其在提起打蛋器后能拉出微微弯曲的尖角。
4. 将一半的蛋白加入到乳酪糊里,用长柄刮板从下向上翻拌,拌好后再倒入剩下的蛋白翻拌,制成蛋糕糊。
5. 倒入底部用烘焙纸包起来的蛋糕模具里,轻震几下。
6. 把蛋糕模具放入注水的烤盘里,把烤盘放进预热好的烤箱里烤30~45分钟,取出放凉,放入冰箱冷藏1小时即可。

轻乳酪蛋糕需要用水浴法来烤,否则容易表皮干硬开裂。

分量 5人份
烤箱温度 上火170℃、下火170℃
烤制时间 25分钟

难易度：★☆☆

蜂蜜抹茶蛋糕

配方：

蛋黄糊：蛋黄2个，细砂糖30克，色拉油10毫升，抹茶粉10克，水60毫升，蜂蜜10克，低筋面粉40克，泡打粉1克；蛋白霜：蛋白2个，细砂糖20克

扫码看视频

制作步骤：

1. 将蛋黄及30克细砂糖倒入备好的搅拌盆中，用手动打蛋器搅拌均匀。
2. 将抹茶粉倒入水中，搅拌至充分溶解，倒入步骤1的混合物中，搅拌均匀。
3. 倒入色拉油及蜂蜜，搅拌均匀，筛入低筋面粉及泡打粉，搅拌均匀，制成蛋黄糊。
4. 取一新的搅拌盆，倒入蛋白及20克细砂糖，快速打发，制成蛋白霜。
5. 将1/3蛋白霜倒入蛋黄糊中，搅拌均匀，再倒回至剩余的蛋白霜中，搅拌均匀，制成蛋糕糊。
6. 将蛋糕糊倒入模具中，放入预热至170℃的烤箱中烘烤约25分钟即可。

分量
8人份

烤箱温度
上火170℃、下火170℃

烤制时间
45分钟

难易度：★★☆

栗子巧克力蛋糕

配方：

蛋黄糊：无盐黄油50克，苦甜巧克力60克，淡奶油30克，蛋黄3个，低筋面粉20克，可可粉30克；蛋白霜：细砂糖50克，蛋白100克；装饰：淡奶油50克，细砂糖5克，栗子泥、防潮可可粉、肉桂粉各适量

制作步骤：

1. 将苦甜巧克力、无盐黄油及30克淡奶油加热熔化，搅拌均匀。
2. 倒入可可粉，搅拌均匀，分次倒入蛋黄，搅拌均匀，筛入低筋面粉，搅拌均匀，制成蛋黄糊。
3. 将蛋白及50克细砂糖倒入另一个搅拌盆中，快速打发，制成蛋白霜。将1/3蛋白霜倒入蛋黄糊中，搅拌均匀，再倒回剩余的蛋白霜中制成蛋糕糊。
4. 将蛋糕糊倒入直径15厘米的活底蛋糕模中，放进预热至170℃的烤箱中烘烤约45分钟。
5. 将栗子泥倒入新的搅拌盆中，用电动打蛋器打散，倒入50克淡奶油及5克细砂糖，搅打均匀，装入裱花袋。
6. 挤在蛋糕表面，撒上防潮可可粉及肉桂粉即可。

分量
6人份

烤箱温度
上、下火180℃转
上、下火160℃

烤制时间
40分钟

难易度：★★☆

法式传统巧克力蛋糕

配方：

蛋黄糊：烘焙巧克力60克，纽扣巧克力20克，无盐黄油50克，蛋黄3个，细砂糖40克，淡奶油35克，低筋面粉20克，可可粉35克；蛋白霜：蛋白3个，细砂糖50克，香橙干邑甜酒5克；装饰：糖粉适量

扫码看视频

制作步骤:

1. 将准备好的两种巧克力及无盐黄油倒入搅拌盆中,隔水加热至熔化状态,搅拌均匀。
2. 倒入蛋黄及40克细砂糖,搅拌均匀,倒入淡奶油,搅拌均匀。
3. 筛入低筋面粉及可可粉,搅拌均匀,制成蛋黄糊。
4. 将蛋白、50克细砂糖及香橙干邑甜酒倒入新的搅拌盆中,用电动打蛋器打发,制成蛋白霜。
5. 将1/3蛋白霜加入蛋黄糊中,搅拌均匀,再倒回至剩余的蛋白霜中,搅拌均匀,制成蛋糕糊,倒入圆形活底蛋糕模中。
6. 震动几下,放进预热至180℃的烤箱中烘烤约10分钟,再以160℃烘烤约30分钟,取出,放凉,脱模,撒上糖粉即可。

分量
6人份

烤箱温度
上火180℃、下火180℃

烤制时间
35分钟

樱桃燕麦蛋糕

配方：

蛋糕糊： 蜂蜜30克，芥花籽油15毫升，柠檬汁3毫升，樱桃汁140毫升，全麦粉100克，低筋面粉50克，泡打粉3克，苏打粉2克，樱桃（去核切半）15克；**燕麦面碎：** 蜂蜜10克，芥花籽油15毫升，低筋面粉40克，燕麦片5克

制作步骤：

1. 将10克蜂蜜、15毫升芥花籽油倒入搅拌盆中，用叉子搅拌均匀。
2. 倒入40克低筋面粉，搅拌至无干粉的状态。
3. 倒入燕麦片，搅拌均匀，制成燕麦面碎。

4. 另取一个搅拌盆，倒入30克蜂蜜、15毫升芥花籽油、柠檬汁，搅拌均匀。
5. 再倒入樱桃汁，搅拌均匀。
6. 筛入全麦粉、50克低筋面粉、泡打粉、苏打粉，搅拌成无干粉的面糊，即成蛋糕糊。
7. 将蛋糕糊倒入铺有油纸的蛋糕模中，蛋糕糊上铺上一层燕麦面碎，再放上樱桃。
8. 将蛋糕模放在烤盘上，再移入已预热至180℃的烤箱中层，烤约35分钟即可。

分量
4人份

烤箱温度
上火175℃、下火175℃

烤制时间
25分钟

难易度：★☆☆

香醇巧克力蛋糕

配方：

低筋面粉85克，可可粉20克，黄油90克，细砂糖70克，鸡蛋80克，泡打粉25克，巧克力豆50克，牛奶80毫升，糖粉少许

制作步骤:

1. 烤箱通电,以上火175℃、下火175℃进行预热。
2. 将黄油放入玻璃碗,加入细砂糖。
3. 用电动打蛋器打发至质地蓬松。
4. 加入鸡蛋后继续打发,一直打到碗中材料体积明显变大、颜色变浅,鸡蛋和黄油完全融合,呈现蓬松细滑的状态为止。
5. 加入牛奶,牛奶只需要倒入碗里即可,不要搅拌。
6. 依次加入低筋面粉、可可粉、泡打粉,用电动打蛋器搅拌均匀。

7. 将拌匀后的原料倒入蛋糕模具内,用长柄刮板使粉类、牛奶和黄油完全混合均匀,成为湿润的面糊。

8. 将备好的巧克力豆倒入面糊中,再次搅拌均匀,由此制成蛋糕面糊。

9. 将模具放在烤盘上,然后移入预热好的烤箱烘烤25分钟。

10. 取出烤好的蛋糕,在其表面撒上糖粉即可。

Tips

如果是使用独立纸杯烘烤的话,因为纸杯的支撑力不够,面糊就不能够挤得太满,挤到六七分满就够了。

分量 5人份

烤箱温度 上火180℃、下火180℃

烤制时间 35分钟

难易度：★★☆

柠檬卡特卡

配方：

无盐黄油150克，细砂糖120克，盐2克，香草精3滴，鸡蛋3个，柠檬皮1个，低筋面粉150克，泡打粉2克

制作步骤:

1. 在搅拌盆中倒入无盐黄油及细砂糖,搅拌均匀,分三次倒入鸡蛋,搅拌均匀。
2. 将柠檬皮磨成屑状,倒入步骤1的混合物中。
3. 倒入盐,倒入香草精,搅拌均匀。
4. 将低筋面粉、泡打粉过筛至搅拌盆里,搅拌均匀,制成蛋糕糊。
5. 将蛋糕糊倒入模具中,放入预热至180℃的烤箱中,烘烤约35分钟,取出放凉。
6. 借助抹刀分离蛋糕及模具边缘,脱模即可。

Part 4

层层叠叠蛋糕卷

世界上最遥远的距离,
在吃货眼里只是胃和美食的距离。
不期而遇的蛋糕卷,
总是叫人不胜欢喜。
这些层层叠叠的蛋糕卷,
总有一款是心头爱。

分量
5人份

烤箱温度
上火160℃、下火160℃

烤制时间
30分钟

——— 难易度：★☆☆ ———

原味瑞士卷

配方：

海绵蛋糕预拌粉250克，鸡蛋5个，水65毫升，植物油60毫升，淡奶油100克，细砂糖30克

制作步骤：

1. 在盆中倒入海绵蛋糕预拌粉，打入鸡蛋，加入水，用电动打蛋器打发至画"8"字不消。
2. 向面糊中倒入植物油，搅拌均匀，把面糊放入带有油纸的烤盘中，举起烤盘轻震两下，把气泡震出来。
3. 将烤箱预热5分钟，温度为160℃，然后放入烤盘烤制30分钟。
4. 在空碗中倒入淡奶油、砂糖，用电动打蛋器充分打发。
5. 将烤好的蛋糕从烤盘中取出，放在油纸上，抹一层奶油，用油纸包裹卷一圈。
6. 将卷好的瑞士卷放入冰箱冷藏10分钟，取出切片即可。

取出烤好的蛋糕时，趁热倒扣撕去底部烤纸放凉，可防止蛋糕收缩。

分量
4人份

烤箱温度
上、下火160℃转
上、下火170℃

烤制时间
18分钟

难易度·★★☆

萌爪爪奶油蛋糕卷

配方：

蛋白霜：蛋白140克，柠檬汁少许，细砂糖50克，可可粉适量；蛋黄糊：蛋黄85克，细砂糖10克，纯牛奶60毫升，色拉油50毫升，低筋面粉100克；馅料：香橙果酱适量

扫码看视频

制作步骤：

1. 将纯牛奶倒入玻璃碗中，加入细砂糖，用搅拌器拌匀，加入色拉油，搅匀。
2. 倒入低筋面粉，搅成糊状，加入蛋黄，搅拌成纯滑的面浆，即为蛋黄糊。
3. 将蛋白倒入玻璃碗中，加入细砂糖，用电动打蛋器快速搅匀，加入柠檬汁，快速打发至鸡尾状，即为蛋白霜。

1

2

3

4. 取适量蛋白霜，加入少许蛋黄糊，搅匀，加入可可粉，拌匀，装入裱花袋里，挤在烤盘中的烘焙纸上，即成爪印生坯。
5. 把生坯放入预热好的烤箱里，以上火160℃、下火160℃烤约3分钟至熟，取出。
6. 将剩余的面浆和蛋白霜混合，用长柄刮板搅匀，制成蛋糕浆，倒在装有爪印蛋糕的烤盘里，抹匀，放入预热好的烤箱里。
7. 以上火170℃、下火170℃烤15分钟至熟，取出。
8. 把蛋糕倒扣在白纸上，撕去粘在底部的烘焙纸，翻面，放上适量香橙果酱，用三角铁板抹匀，用木棍将白纸卷起，把蛋糕卷成卷。
9. 用蛋糕刀将蛋糕两端切齐整，再切成两段即可。

Tips

切蛋糕时，可在蛋糕刀上蘸少许清水，这样切出来的蛋糕卷更平整。

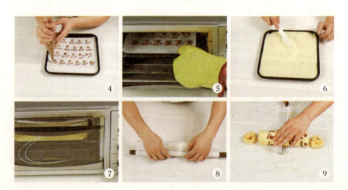

分量 4人份
烤箱温度 上火170℃、下火170℃
烤制时间 20分钟

难易度：★★★

QQ雪卷

配方：

蛋黄糊：细砂糖20克，色拉油30毫升，低筋面粉70克，玉米淀粉15克，蛋黄65克，水40毫升；**蛋白霜**：蛋白175克，细砂糖75克，塔塔粉2克；**蛋皮糊**：鸡蛋2个，细砂糖60克，低筋面粉60克，水75毫升，黄油60克；**馅料**：果酱适量

制作步骤：

1. 将水倒入玻璃碗中，加入色拉油、细砂糖，用打蛋器拌匀。
2. 加入低筋面粉、玉米淀粉，搅拌成面糊，倒入蛋黄，搅成纯滑的面浆，即为蛋黄糊。
3. 将细砂糖倒入玻璃碗中，加入蛋白，用电动打蛋器快速打发，加入塔塔粉，快速打发至鸡尾状，即为蛋白霜。
4. 取一半打发好的蛋白霜，加入到蛋黄糊中，搅拌均匀，再倒回余下的蛋白霜中，搅拌均匀，制成蛋糕浆。
5. 把蛋糕浆倒入铺有烘焙纸的烤盘里，用长柄刮板抹平，放入预热好的烤箱里，以上火170℃、下火170℃烤20分钟至熟。
6. 把细砂糖倒入玻璃碗中，加入鸡蛋，用手动打蛋器快速拌匀，加入低筋面粉，搅拌成面糊，放入黄油，搅成纯滑的面浆，即为蛋皮糊。

7. 把烤好的蛋糕取出，倒扣在白纸上，撕去粘在蛋糕上的烘焙纸，把果酱倒在蛋糕上抹匀，用木棍卷起白纸。
8. 将蛋糕卷成卷，切成两段，待用。
9. 煎锅烧热，倒入适量蛋皮糊，用小火煎至熟。
10. 放入切好的蛋糕，卷好，装入盘中即可。

煎蛋皮时宜用小火，以免煎糊。

分量 5人份
烤箱温度 上火160℃、下火160℃
烤制时间 30分钟

难易度：★☆☆

巧克力瑞士卷

配方：

海绵蛋糕预拌粉250克，鸡蛋5个，巧克力粉8克，淡奶油100克，植物油60毫升，细砂糖、热水各适量

制作步骤：

1. 在备好的空盆中依次倒入海绵蛋糕预拌粉、水、鸡蛋，用电动打蛋器搅拌均匀。
2. 用适量的热水溶解巧克力粉，倒入打发好的面糊中，再倒入植物油，搅拌均匀。
3. 备好的烤盘中铺上油纸，倒入搅拌好的面糊，在桌面轻敲几下，把气泡排出来。
4. 将烤盘放入预热好的烤箱里，上、下火160℃，烤30分钟。
5. 在玻璃碗中倒入淡奶油，加入细砂糖，用电动打蛋器打发。
6. 桌子上铺一层油纸，把烤好的巧克力蛋糕放在上面，涂一层奶油，卷起来，放冰箱冷藏10分钟，取出切圆片即可。

Tips

烤好后马上从烤箱里取出，以免在烤箱里吸收水汽，影响口感。喜欢口味偏甜的也可以稍多加一点糖。

分量
4人份

烤箱温度
上火190℃、下火190℃

烤制时间
12分钟

摩卡咖啡卷

难易度：★★☆

配方：

蛋糕糊：鸡蛋2个，细砂糖40克，低筋面粉35克，即溶咖啡粉5克，热水10毫升；**夹馅**：无盐黄油80克，鸡蛋30克，细砂糖30克，咖啡利口酒7毫升，即溶咖啡粉7克，冷水10毫升

扫码看视频

制作步骤：

1. 将30克细砂糖倒入锅中，加入冷水，煮至溶化，倒入7克即溶咖啡粉，搅拌均匀。
2. 30克鸡蛋打散，倒入步骤1的混合物中，搅拌均匀，倒入咖啡利口酒，搅拌均匀。
3. 将前两步制成的混合物倒入无盐黄油中，搅打均匀，制成蛋糕夹馅，装入裱花袋，备用。

4. 将2个鸡蛋倒入搅拌盆，分次加入40克细砂糖打发3分钟。
5. 将热水与5克即溶咖啡粉搅匀，倒入步骤4的混合物中，搅拌均匀。
6. 筛入低筋面粉，搅拌均匀，制成蛋糕糊，倒入铺好油纸的烤盘中刮平，放进预热至190℃的烤箱中烘烤约12分钟。
7. 取出烤好的蛋糕，撕下油纸，放凉。
8. 将夹馅均匀挤在蛋糕表面，抹平，卷起，放入冰箱冷藏定形即可。

涂抹夹馅时注意不要过量，否则可能使蛋糕卷难以顺利卷起。

分量 5人份
烤箱温度 上火170℃、下火160℃
烤制时间 16分钟

难易度：★★★

双色毛巾卷

配方：

蛋白7个，细砂糖200克，塔塔粉3克，盐1克，柠檬汁2毫升，蛋黄3个，植物油120毫升，鲜奶140毫升，粟粉50克，低筋面粉175克，香草精3滴，泡打粉3克，抹茶粉3克，已打发的淡奶油100克

制作步骤：

1. 将植物油与鲜奶倒入搅拌盆，搅拌均匀，分三次倒入150克细砂糖，搅拌均匀。
2. 倒入备好的低筋面粉、粟粉及泡打粉，继续搅拌至无粉末状。
3. 加入香草精，用手动打蛋器搅拌均匀，倒入蛋黄，继续搅打均匀，平均分成两份。
4. 其中一份加入抹茶粉，搅拌均匀。
5. 取一新的搅拌盆，倒入蛋白、盐、塔塔粉、柠檬汁及50克细砂糖，用电动打蛋器快速打发，制成蛋白霜。
6. 将打发好的蛋白霜分别加入到原味面糊及抹茶面糊中，搅拌均匀。

7. 分别装入裱花袋中，拧紧裱花袋口，挤入正方形蛋糕烤盘，抹茶面糊和原味面糊要间隔挤入。
8. 烤箱以上火170℃、下火160℃预热，将蛋糕放入烤箱，烤约16分钟，取出。
9. 蛋糕体放在散热架上待其冷却，撕下油纸，将油纸垫在蛋糕体下面，在蛋糕体上面均匀抹上已打发的淡奶油。
10. 利用擀面杖将蛋糕体卷起，食用时切块即可。

必须将面糊分成两部分，否则无法做出双色条纹。

分量 4人份

烤箱温度 上火170℃、下火160℃

烤制时间 20分钟

难易度：★☆☆

瑞士水果卷

配方：

蛋黄4个，橙汁50毫升，色拉油40毫升，低筋面粉70克，玉米淀粉15克，蛋白4个，细砂糖40克，动物性淡奶油120克，草莓果肉、芒果果肉各适量

制作步骤:

1. 烤箱通电,以上火170℃、下火160℃进行预热。在玻璃碗中倒入蛋黄和橙汁搅拌均匀,加入色拉油搅拌均匀,加入低筋面粉和玉米淀粉,用搅拌器充分搅拌均匀。
2. 另取盆,将蛋白和细砂糖搅打至硬性发泡,制成蛋白霜。
3. 把做好的蛋白霜倒一半到搅拌好的蛋黄面粉糊中,翻拌均匀后再倒入剩下的蛋白霜翻拌均匀。
4. 将做好的蛋糕糊倒入垫有烘焙纸的烤盘内,将蛋糕糊刮平整,放入预热好的烤箱中,烤约20分钟,取出放凉。
5. 把动物性淡奶油打至发泡,挤在蛋糕上,再铺上水果块。
6. 将蛋糕卷起定形后撕去烘焙纸,以奶油、水果装饰即可。

Tips

搅拌好的蛋黄面粉糊的状态是非常细腻且有光泽的,没有颗粒状物,在提起长柄刮板时,可以有蛋黄面粉糊从刮板上滴落。

分量
3人份

烤箱温度
上火220℃、下火220℃

烤制时间
8~10分钟

难易度：★★☆

抹茶芒果戚风卷

配方：

蛋黄糊：蛋黄3个，糖粉35克，抹茶粉10克，牛奶40毫升，色拉油30毫升，低筋面粉50克；**蛋白霜**：蛋清3个，糖粉35克；**夹馅**：淡奶油200克，糖粉30克，芒果丁适量

扫码看视频

制作步骤：

1. 将备好的牛奶与色拉油倒入搅拌盆中，用手动打蛋器搅拌均匀。
2. 倒入35克糖粉，搅拌均匀。
3. 筛入低筋面粉及抹茶粉，搅拌均匀。

4. 倒入蛋黄,搅拌均匀,制成蛋黄糊。
5. 取另一个干净的搅拌盆,倒入蛋清及35克糖粉打发,制成蛋白霜。
6. 将1/3蛋白霜倒入蛋黄糊中,搅拌均匀,再倒回至剩余的蛋白霜中,搅拌均匀,制成蛋糕糊。
7. 将蛋糕糊倒在铺好油纸的30厘米×41厘米的烤盘上,抹平,放进预热至220℃的烤箱中,烘烤8~10分钟。
8. 将淡奶油及30克糖粉倒入干净的搅拌盆中,用电动打蛋器打发。
9. 取出烤好的蛋糕体,撕下油纸,放凉,抹上已打发的淡奶油,均匀撒上芒果丁,卷起,放入冰箱冷藏定形即可。

分量
3人份

烤箱温度
上火170℃、下火160℃

烤制时间
20分钟

难易度：★★☆

草莓香草蛋糕卷

配方：

无盐黄油25克，鸡蛋1个，清水25毫升，盐2克，低筋面粉58克，泡打粉2克，栗粉8克，细砂糖50克，香草精2滴，甜奶油150克，新鲜草莓2颗，薄荷叶适量

制作步骤：

1. 鸡蛋打入搅拌盆中，倒入细砂糖、清水及盐，用电动打蛋器搅拌均匀。
2. 筛入低筋面粉、泡打粉及粟粉，搅拌均匀。
3. 无盐黄油放入锅中隔水熔化。
4. 将热熔的无盐黄油倒入步骤2的混合物中，用长柄刮刀搅拌均匀。
5. 加入香草精，继续搅拌均匀。
6. 在方形烤盘中铺上油纸，再将拌好的面糊倒入模具中，移入烤盘中，烤箱以上火170℃、下火160℃预热，蛋糕放入烤箱中层，烤约20分钟，至蛋糕上色，出炉后翻转，待其冷却。

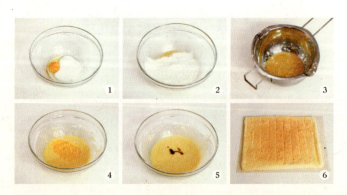

7. 甜奶油放入搅拌盆,用电动打蛋器快速打发,均匀抹在蛋糕上表面。
8. 借助擀面杖将蛋糕卷起,呈圆柱状。
9. 切去两端不平整处,将蛋糕卷平均分成三份。
10. 以"Z"字形在表面挤上打发的奶油,再装饰上新鲜草莓和薄荷叶即可。

(1)喜欢水果的朋友也可以在抹奶油时均匀摆放上水果再卷起,美观又富有果香。
(2)蛋糕表面的装饰奶油尽量挤在蛋糕体中间,否则水果容易掉落。

分量 5人份
烤箱温度 上火160℃、下火160℃
烤制时间 20分钟

难易度：★★★

巧克力毛巾卷

配方：

蛋黄部分A： 蛋黄30克，水30毫升，色拉油25毫升，低筋面粉25克，可可粉10克，淀粉5克；**蛋白部分A：** 蛋白70克，细砂糖30克，塔塔粉2克；**蛋黄部分B：** 蛋黄45克，水65毫升，色拉油55毫升，低筋面粉50克，吉士粉10克，淀粉10克；**蛋白部分B：** 蛋白100克，细砂糖30克，塔塔粉2克

制作步骤：

1. 将色拉油倒入玻璃碗中，加入水、低筋面粉、可可粉、淀粉，搅匀，加入蛋黄，搅拌均匀，即为蛋黄部分A。
2. 将蛋白倒入玻璃碗中，加入细砂糖，用电动打蛋器快速搅匀，加入塔塔粉，快速打发至呈鸡尾状，即为蛋白部分A。
3. 将蛋白部分A倒入蛋黄部分A中拌匀，倒入铺有烘焙纸的烤盘里抹匀，放入预热至160℃的烤箱中层，烤10分钟。
4. 将淀粉倒入玻璃碗中，加入吉士粉、低筋面粉、色拉油、水，快速搅匀，加入蛋黄，搅拌均匀，制成蛋黄部分B。
5. 将蛋白、细砂糖、塔塔粉打发至鸡尾状，即为蛋白部分B。
6. 把蛋白部分B放入蛋黄部分B里搅成蛋糕浆。把烤好的可可粉蛋糕取出，抹上蛋糕浆，再烤10分钟取出，卷成卷，切段即可。

可将低筋面粉先过筛，这样做好的蛋糕口感更佳。

Part 5

轻巧甜蜜慕斯蛋糕

在慕斯蛋糕的世界里,
蛋糕底是点缀,
甜蜜又轻巧的慕斯才是主角。
一口松软又不腻人的慕斯,
让心情都飞扬起来。

分量 6人份

烤箱温度 上火180℃、下火180℃

烤制时间 10分钟

—— 难易度：★★☆ ——

豆腐慕斯蛋糕

配方：

蛋糕糊：芥花籽油30毫升，豆浆30毫升，枫糖浆35克，柠檬汁2毫升，盐1克，低筋面粉60克，可可粉15克，泡打粉1克，苏打粉1克；**慕斯馅**：豆腐渣250克，枫糖浆30克；**装饰**：开心果碎适量

制作步骤：

1. 芥花籽油、豆浆、35克枫糖浆、柠檬汁、盐倒入搅拌盆中，用手动打蛋器搅拌均匀。
2. 筛入低筋面粉、可可粉、泡打粉、苏打粉，翻拌至无干粉的状态，制成蛋糕糊。
3. 烤盘铺油纸，放上两个慕斯圈后倒入蛋糕糊，定形后移走慕斯圈，烘烤约10分钟，待时间到，取出烤好的蛋糕，放凉后用慕斯圈按压蛋糕，去掉多余的边角料。
4. 将豆腐渣、30克枫糖浆倒入干净的搅拌盆中，用手动打蛋器搅拌均匀，即成慕斯馅。
5. 将一块蛋糕放在铺有保鲜膜的慕斯圈里，倒入慕斯馅至八分满，再盖上一块蛋糕，移入冰箱冷藏3个小时以上，取出，脱模。
6. 将盘子放在转盘上，再将冷藏好的豆腐慕斯蛋糕脱模后放在盘中，放上开心果碎作装饰即可。

分量
8人份

冷藏时间
4小时

难易度：★★☆

芒果西米露蛋糕

配方：

饼干底：消化饼干碎60克，无盐黄油35克；
慕斯液：芒果泥200克，吉利丁片3片，细砂糖40克，淡奶油200克；**夹馅**：芒果丁适量，西米适量；**装饰**：芒果丁适量，西米适量

扫码看视频

制作步骤：

1. 西米煮好，备用；将消化饼干碎倒入搅拌盆中，倒入隔水加热熔化的无盐黄油，搅拌均匀。
2. 边长15厘米的方形慕斯框底部包好保鲜膜，将拌好的饼干碎倒入其中，压实，放入冰箱冷冻半小时。
3. 将淡奶油及细砂糖倒入搅拌盆中，快速打发。

4. 倒入准备好的芒果泥,用长柄刮板继续搅拌至材料充分混合均匀。
5. 将泡软的吉利丁片倒入碗中,再放入装有热水的大碗中,隔水加热熔化,倒入步骤4的混合物中,搅拌均匀,制成慕斯液。
6. 将一半的慕斯液倒入装有饼底的模具中,抹平,均匀倒入煮好的西米及芒果丁,再倒入另一半慕斯液,放入冰箱冷藏4小时以上。
7. 将凝固的蛋糕从冰箱取出,用喷火枪沿模具周围喷一圈,加热模具四周,脱模。
8. 放上芒果丁及西米装饰即可。

香浓巧克力慕斯

配方：

蛋糕糊：无盐黄油（热熔）30克，鲜奶20毫升，鸡蛋4个，细砂糖112克，低筋面粉125克；慕斯液：砂糖12克，黑巧克力80克，水12毫升，淡奶油220克，蛋黄2个，吉利丁片（用清水泡软）10克；装饰：奶油、鲜果、糖粉各适量

制作步骤：

1. 将无盐黄油及鲜奶放入隔水加热的锅中隔水熔化，拌匀。
2. 鸡蛋放入搅拌盆中，加入112克细砂糖，用电动打蛋器快速打发（此过程需隔水加热）。
3. 边搅拌边倒入熔化好的黄油鲜奶混合物，搅拌均匀，倒入已过筛的低筋面粉，充分搅拌均匀至无粉末状，制成蛋糕糊。
4. 倒入蛋糕模中，在桌上震出里面的空气；烤箱以上火160℃、下火150℃预热，烤约21分钟。
5. 取出烤好的蛋糕体，脱模，放在散热架上待其冷却，用锯齿刀从中间将蛋糕体分成两份。
6. 黑巧克力隔水熔化，制成巧克力酱；12克细砂糖与水倒入盆中煮溶，制成糖水。

7. 蛋黄打匀,倒入糖水,搅拌均匀,倒入黑巧克力酱,搅拌均匀,加入用水泡软的吉利丁片,搅拌均匀。

8. 淡奶油用电动打蛋器快速打发,分三次加入到步骤7的混合物中,搅拌均匀,制成慕斯液。

9. 慕斯模具底部包裹上保鲜膜,倒入一层慕斯液,放一层蛋糕体,铺平后再倒一层慕斯液,再铺上一层蛋糕体即可。放入冰箱冷藏凝固。

10. 凝固后从冰箱取出,撕下保鲜膜,用喷火枪在慕斯模具四周加热(也可用热毛巾敷在模具周围),脱模,加以奶油和鲜果装饰,撒上糖粉即可。

Tips

做巧克力装饰时,可先用熔化的巧克力酱在油纸上画好想要的图案,放入冰箱冷冻定形,取出后直接装饰。

分量
6人份

烤箱温度
上火160℃、下火150℃

烤制时间
21分钟

难易度：★★☆

香橙慕斯

配方：

蛋糕糊：无盐黄油30克，鲜奶20毫升，鸡蛋4个，细砂糖112克，低筋面粉125克；**慕斯液**：橙汁100毫升，细砂糖50克，水15毫升，蛋黄2个，吉利丁片15克，君度酒10毫升，淡奶油220克，鲜果适量

制作步骤：

1. 将无盐黄油及鲜奶隔水熔化，拌匀。
2. 鸡蛋放入搅拌盆中，加入112克砂糖，打发（此过程需隔水加热），倒入黄油鲜奶混合物，搅拌均匀，倒入已过筛的低筋面粉，拌至无粉末状，制成蛋糕糊。
3. 倒入蛋糕模中。烤箱以上火160℃、下火150℃预热，烤约21分钟，取出，脱模，冷却，分成两份。
4. 淡奶油用电动打蛋器快速打发，放入冰箱冷藏；吉利丁片用清水泡软，细砂糖50克与水煮溶制成糖水。
5. 蛋黄打散，倒入糖水，搅拌均匀，倒入橙汁及君度酒，搅拌均匀，加入泡软的吉利丁片（需挤干水分），搅拌均匀，分三次加入已打发的淡奶油，搅拌均匀，制成慕斯液。
6. 在慕斯模具底部裹上保鲜膜，倒入一层慕斯液，放一层蛋糕体，铺平后再倒一层慕斯液，再铺上一层蛋糕体，放入冰箱冷藏至凝固，脱模，加以奶油和鲜果装饰即可。

分量
4人份

冷藏时间
4小时

巧克力慕斯

难易度 ★★★

配方：

蛋糕坯适量；**慕斯底**：黑巧克力100克，牛奶50毫升，吉利丁片5克，淡奶油210克；**慕斯淋面**：牛奶130毫升，巧克力150克，果胶75克，吉利丁片5克；**装饰**：杏仁适量

制作步骤：

1. 把吉利丁片加冰水软化，再将所有淋面材料全部倒入锅中，隔水加热，用长柄刮板搅拌均匀，即为慕斯淋面。
2. 把黑巧克力、牛奶和软化的吉利丁隔水加热，搅匀成巧克力酱。
3. 把淡奶油用电动搅拌器打至六成发，制成奶油霜。

4. 将搅拌好的巧克力酱（需留取部分待用）倒入打发好的奶油霜中翻拌均匀，即为慕斯底。
5. 把切好的蛋糕坯放在垫有烘焙纸的盘中。
6. 用裱花袋把慕斯底挤进长条形模具里，一并放入盘中，再放进冰箱冷藏3小时以上。
7. 把剩余巧克力酱刷在平铺的烘焙纸上，待干，做成慕斯片。
8. 将慕斯片裁成和蛋糕同等的大小，刷上果胶，粘在蛋糕上。
9. 把冷冻好的慕斯放在网架上，淋上慕斯淋面，把慕斯放在放有慕斯片的蛋糕坯上，用剩余的慕斯片和杏仁点缀即可。

Tips

把刀在火上烤一会儿再切，就能切出切面平整漂亮的慕斯蛋糕了。

分量
6人份

烤箱温度
上火160℃、下火160℃

烤制时间
20分钟

玫瑰花茶慕斯

配方：

蛋糕糊：鸡蛋2个，细砂糖35克，盐1克，香草精2滴，低筋面粉40克，炼奶8克，无盐黄油15克；**玫瑰慕斯**：干玫瑰花适量，鲜奶90毫升，细砂糖8克，吉利丁片5克，粉红色食用色素2滴，淡奶油300克

制作步骤：

1. 吉利丁片放入水中泡软，放进冰箱冷藏，备用；淡奶油倒入搅拌盆中打发，冷藏备用。
2. 鸡蛋、35克细砂糖及盐放入搅拌盆，用电动打蛋器搅打均匀，呈发白状态（此过程需隔水加热，温度不要超过60℃）。
3. 无盐黄油隔水加热煮熔，倒入炼奶中，搅拌均匀，倒入步骤2的搅拌盆中，拌至完全融合，筛入低筋面粉，倒入香草精，搅拌至无颗粒蛋糕糊状。
4. 在烤盘中铺一张白纸，放上方形慕斯模具，将蛋糕糊倒入模具中，抹平。
5. 烤箱以上火160℃、下火160℃预热，蛋糕放入烤箱中层，烤约20分钟，取出，待其冷却，脱模。
6. 干玫瑰花、鲜奶及8克细砂糖煮沸，加盖焖5分钟，捞起玫瑰花。

7. 取出冷藏的吉利丁片，挤干水分，倒入鲜奶，搅拌至充分溶化，滴入两滴粉红色色素，搅拌均匀。

8. 倒入已打发的淡奶油中，搅拌均匀（淡奶油可留部分做装饰），制成玫瑰慕斯液。

9. 将玫瑰慕斯液加入模具中（模具底部需用保鲜膜包裹），抹平，放上海绵蛋糕。

10. 放入冰箱冷藏4小时或以上，至凝固，脱模，切成长方形块状，挤上已打发的淡奶油，用干玫瑰花加以装饰即可。

Tips

玫瑰花与鲜奶共煮并加盖焖是为了释放出干玫瑰花的香气，使蛋糕体具有玫瑰花茶的清香。

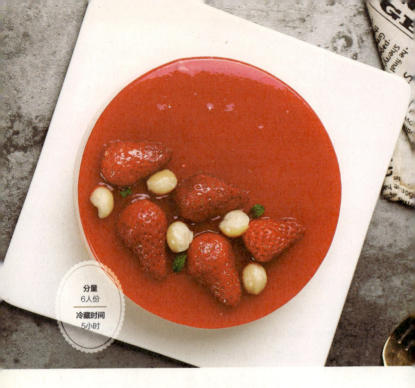

分量 6人份
冷藏时间 5小时

难易度：★☆☆

草莓慕斯蛋糕

配方：

慕斯体：戚风蛋糕1片，已打发的淡奶油160克，新鲜草莓汁230毫升，细砂糖70克，吉利丁片10克，柠檬汁15毫升，草莓丁70克；装饰：镜面果胶20克，草莓酱适量，草莓适量，夏威夷果仁适量

制作步骤：

1. 吉利丁片用水泡软，挤干水分，取5克加热至熔化。
2. 将新鲜草莓汁及柠檬汁倒入搅拌盆中，与细砂糖及步骤1中的吉利丁溶液混合均匀，倒入已打发的淡奶油，搅拌均匀，制成慕斯液。
3. 在直径15厘米的圆形慕斯圈底部铺好原味戚风蛋糕，倒入一半的慕斯液，放上草莓丁，再倒入剩余的慕斯液，抹平，放入冰箱冷藏4小时或以上。
4. 将草莓酱过滤入搅拌盆中，剩余的5克吉利丁片隔水加热熔化，倒入搅拌盆中，再加入镜面果胶，搅拌均匀。
5. 取出已凝固的慕斯蛋糕，将步骤4制成的混合物倒在蛋糕表面，放回冰箱冷藏1小时至凝固。
6. 取出凝固的蛋糕，脱模，最后放上草莓和夏威夷果仁装饰即可。

分量
4人份

冷藏时间
5小时

咖啡慕斯

配方：

饼干底：消化饼干60克，无盐黄油40克；慕斯液：淡奶油250克，糖粉40克，速溶咖啡粉20克，水50毫升，吉利丁片8克；装饰：杏仁片适量，打发的淡奶油适量

制作步骤：

1. 吉利丁片中倒入30毫升水，泡软。
2. 将剩余的20毫升水倒入速溶咖啡粉中，制成咖啡液。
3. 用擀面杖将消化饼干碾碎，倒入室温软化的无盐黄油，搅拌均匀。

4. 将黄油饼干碎倒入底部包有保鲜膜的模具中，压成饼干底，放入冰箱冷冻30分钟。
5. 将淡奶油和糖粉倒入另一搅拌盆中，用电动打蛋器快速打发至流动状。
6. 将吉利丁片沥干水分，隔水加热化开，倒入步骤5的混合物中，搅拌均匀。
7. 倒入咖啡液，搅拌均匀，制成慕斯液。
8. 从冰箱取出饼干底，将慕斯液倒入，放入冰箱冷藏4个小时至凝固。
9. 取出凝固的慕斯，脱模，切块，在表面挤上打发的淡奶油，放上杏仁片装饰即可。

分量 6人份
冷藏时间 4小时

难易度：★★☆

巧克力曲奇芝士慕斯

配方：

饼底：奶香曲奇饼干95克，无盐黄油50克；**巧克力曲奇芝士**：吉利丁片8克，鲜奶85毫升，奶油奶酪130克，细砂糖25克，淡奶油350克，朱古力酒15毫升，奥利奥饼干碎80克

制作步骤:

1. 18厘米圆形慕斯模具用锡纸包好;吉利丁片放入水中泡软,待用。
2. 奶香曲奇饼干捣碎,与室温软化的无盐黄油拌匀,倒入圆形模具中,抹平,压实,置于一旁待用。
3. 鲜奶倒入锅中煮开,将吉利丁片挤干水分加入其中,拌匀,保温,备用。
4. 奶油奶酪及细砂糖用手动打蛋器搅打均匀至松软,倒入朱古力酒,搅拌至完全融合。
5. 将鲜奶和吉利丁片混合物倒入步骤4制成的混合物中,搅拌均匀。
6. 淡奶油放入新的搅拌盆,快速打发至可提起鹰钩状,留出小部分作装饰用。

7. 将打发的淡奶油加入步骤5的混合物中,搅拌均匀,加入奥利奥饼干碎,用塑料刮刀搅拌均匀,制成曲奇芝士。
8. 将曲奇芝士倒入慕斯模中,抹平,放进冰箱冷藏4小时至凝固,取出,用热毛巾敷在模具四周,脱模。
9. 取两片奥利奥饼干,每片平均切成四份。
10. 将蛋糕平均分成八小块,挤上奶油,放上奥利奥曲奇装饰即可。

若没有曲奇饼干,也可用普通的奥利奥饼干代替,将奥利奥饼干夹心除去,饼干片碾碎,加入无盐黄油,搅拌均匀,压成饼干底。

分量
6人份

冷藏时间
8小时

柚子慕斯蛋糕

配方：

慕斯液：吉利丁片10克，凉水80毫升，牛奶80毫升，蛋黄20克，淡奶油200克，蜂蜜柚子酱150克；**装饰**：吉利丁片5克，热水200毫升，柚子蜜15克

制作步骤：

1. 吉利丁片放入凉水中泡软，备用；将牛奶倒入奶锅中，加热至60℃，至边缘冒小泡，关火。
2. 吉利丁片滤干多余水分，取5克倒入牛奶中，搅拌至完全溶解，加入蛋黄及蜂蜜柚子酱，搅拌均匀。
3. 将淡奶油倒入新的搅拌盆中，用电动打蛋器快速打发。

4. 将步骤2制成的混合物倒入步骤3的混合物中,搅拌均匀,制成慕斯液。
5. 在慕斯圈底部包一层保鲜膜,倒入部分慕斯液,再将海绵蛋糕放入,最后将慕斯液注入至八分满,抹平,放入冰箱冷藏4小时。
6. 取一个新的搅拌盆,倒入少量热水,再放入泡软的吉利丁片及柚子蜜,搅拌均匀,即为装饰镜面。
7. 取出冻好的慕斯,在表面倒上装饰镜面。
8. 放入冰箱冷藏4小时,凝固后,用喷火枪在慕斯圈四周均匀加热,脱模即可。

脱模时要轻轻将模具提起,以防破坏蛋糕边缘。

难易度：★☆☆

草莓巧克力慕斯

配方：

蛋糕坯适量，鲜草莓30克；**慕斯底**：牛奶30毫升，细砂糖20克，淡奶油280克，草莓果泥100克，吉利丁片10克；**慕斯淋面A**：草莓果泥100克，细砂糖150克，饴糖175克；**慕斯淋面R**：草莓果泥75克，白巧克力150克，吉利丁片20克；**装饰**：椰蓉适量，红加仑适量

制作步骤：

1. 把饴糖用电磁炉隔水加热软化，倒入细砂糖，用长柄刮板搅拌均匀后，加入草莓果泥继续搅拌，即为慕斯淋面A。
2. 把白巧克力、草莓果泥和软化的吉利丁片用电磁炉隔水加热并搅拌均匀，即为慕斯淋面B；把淋面A和淋面B全部搅拌均匀。
3. 把牛奶、细砂糖、草莓果泥和软化的吉利丁隔水加热，搅拌均匀。
4. 把淡奶油用电动打蛋器打至六成发。
5. 把搅拌好的牛奶草莓果泥酱倒入打发好的奶油霜中翻拌均匀，即为慕斯底。
6. 在模具中放入蛋糕坯，再在上面放入切好的鲜草莓丁待用。

7. 用裱花袋把慕斯底挤进装有蛋糕坯的模具里约五分满,放入冰箱冷藏3小时以上。
8. 在网架下铺上烘焙纸,然后将冷冻好的慕斯放在网架上,并淋上慕斯淋面。
9. 用奶油抹刀在慕斯底部裹上椰蓉,放在蛋糕底托上。
10. 用红加仑装饰即可。

制作的慕斯未使用凝固剂,全靠巧克力本身的性质使慕斯凝固,因此脱模之前需要冷藏,以免破坏形状。

称霸下午茶的美味蛋糕

那些经常在下午茶中看到的美味蛋糕，
其实制作起来并不困难。
只要掌握好材料分量，
使用正确的模具，
称霸下午茶指日可待！

分量
3人份

烤箱温度
上火150℃、下火150℃

烤制时间
15分钟

难易度：★☆☆

蓝莓焗芝士蛋糕

配方：

蛋糕糊：奶油奶酪280克，橄榄油15毫升，细砂糖40克，鸡蛋1个，蓝莓果酱25克；装饰：蓝莓果酱适量

制作步骤:

1. 将奶油奶酪放入搅拌盆中,搅打至顺滑。
2. 倒入细砂糖,搅拌均匀。
3. 倒入鸡蛋,搅拌至完全融合。
4. 倒入20克蓝莓果酱及适量橄榄油,继续搅拌,制成蛋糕糊。
5. 将拌好的蛋糕糊倒入已包好油纸的慕斯圈中,移入烤盘中。
6. 放入预热至150℃的烤箱中烘烤约15分钟,取出放凉,用抹刀分离模具及蛋糕边缘,脱模,放上蓝莓果酱装饰即可。

分量
6人份

烤箱温度
上火180℃、下火180℃

烤制时间
15~20分钟

难易度：★☆☆

布朗尼

配方：

巧克力110克，无盐黄油90克，鸡蛋2个，细砂糖70克，低筋面粉90克，可可粉30克，泡打粉2克，朗姆酒2毫升，杏仁50克

制作步骤：

1. 将杏仁切碎；巧克力和无盐黄油放入搅拌盆中，隔水加热熔化，搅拌均匀。
2. 倒入鸡蛋及朗姆酒，搅拌均匀，再倒入细砂糖，继续搅拌均匀。
3. 筛入低筋面粉、可可粉及泡打粉，搅拌均匀，制成蛋糕糊。
4. 将蛋糕糊倒入方形活底蛋糕模中，在蛋糕糊表面撒上切碎的杏仁。
5. 将蛋糕模放在烤网上，再放入预热至180℃的烤箱中层，烘烤15~20分钟。
6. 取出烤好的蛋糕，放凉，脱模，切块，摆盘即可。

难易度：★☆☆

极简黑森林蛋糕

配方：

蛋黄75克，色拉油80毫升，低筋面粉50克，牛奶80毫升，可可粉15克，细砂糖60克，蛋白180克，塔塔粉3克，草莓适量

制作步骤：

1. 将烤箱通电，上火调至180℃，下火调至160℃，进行预热。
2. 准备好一个玻璃碗，在碗中倒入牛奶和色拉油搅拌均匀。
3. 倒入低筋面粉和可可粉用搅拌器继续搅拌，再倒入蛋黄继续搅拌。

4. 另置一个玻璃碗,倒入蛋白,用电动打蛋器稍微打发,倒入细砂糖、塔塔粉,继续打发至竖尖状态为佳。
5. 将打好的蛋白倒入面糊中,充分翻拌均匀。
6. 把搅拌好的混合面糊倒入方形模具中。
7. 将模具轻轻震荡,排出里面的气泡。
8. 打开烤箱门,将烤盘放入烤箱中层,保持预热时的温度,烘烤约25分钟。
9. 烤好后,将其取出切好摆放在盘中,用草莓装饰即可。

Tips

在烘焙前先用少许黄油将模具内壁和底部都抹匀,这样可以很好地避免蛋糕难以脱模的情况,完好地保持蛋糕的美观。

分量 6人份
烤箱温度 上火165℃，下火165℃
烤制时间 15~18分钟

难易度：★★☆

伯爵茶巧克力蛋糕

配方：

蛋糕糊：低筋面粉90克，杏仁粉60克，细砂糖90克，葡萄糖浆30克，盐0.5克，泡打粉2克，鸡蛋3个，无盐黄油130克，伯爵红茶包2包，朗姆酒10毫升；**装饰**：黑巧克力60克，防潮可可粉适量，防潮糖粉适量

制作步骤：

1. 在搅拌盆中倒入鸡蛋、细砂糖、葡萄糖浆及盐，搅拌均匀。
2. 用筛网筛入低筋面粉、杏仁粉及泡打粉，用橡皮刮刀翻拌均匀。
3. 加入伯爵红茶包中的粉末及朗姆酒，搅拌均匀。
4. 无盐黄油放入锅中，隔水加热至熔化，取少量涂抹在模具内层。
5. 将剩余的热熔黄油倒入步骤3制成的混合物中，搅拌均匀，制成蛋糕糊。
6. 将蛋糕糊装入裱花袋，拧紧裱花袋口。

7. 将蛋糕糊挤入模具中，至七分满即可。
8. 放进预热至165℃的烤箱中，烘烤15~18分钟。
9. 烤好后，取出蛋糕，放凉，脱模。
10. 巧克力隔水加热熔化，挤在蛋糕中间，再撒上防潮可可粉及防潮糖粉即可。

在蛋糕成品表面，撒上一层椰粉，再淋上适量枫糖浆，也别有风味。

分量
3人份

烤箱温度
上火175℃、下火175℃

烤制时间
15分钟

难易度：★☆☆

芝士夹心小蛋糕

配方：

蛋糕糊：蛋黄50克，细砂糖30克，植物油15毫升，牛奶15毫升，低筋面粉50克，泡打粉2克，蛋白50克；**夹馅**：细砂糖10克，奶油奶酪80克，柠檬汁12毫升，柠檬皮碎3克，朗姆酒5毫升

制作步骤：

1. 将蛋黄及10克细砂糖倒入搅拌盆中，拌匀，倒入植物油及牛奶，搅拌均匀，筛入低筋面粉及泡打粉，搅拌均匀。
2. 将蛋白及20克细砂糖倒入另一个搅拌盆中，用电动打蛋器快速打发，至可提起鹰嘴状，倒入5毫升柠檬汁，搅拌均匀，制成蛋白霜。
3. 将1/3蛋白霜倒入蛋黄面糊中，搅拌均匀，再倒回至剩余的蛋白霜中，拌匀，制成蛋糕糊，装入裱花袋中。
4. 在铺好油纸的烤盘上间隔挤出直径约3厘米的小圆饼，放入预热至175℃的烤箱中烘烤约15分钟。
5. 将温室软化的奶油奶酪及10克细砂糖放入新的搅拌盆中，搅打至顺滑，倒入7毫升柠檬汁、朗姆酒以及柠檬皮碎，搅拌均匀，制成夹馅，装入裱花袋中。
6. 取出烤好的蛋糕，放凉。在其中一个蛋糕平面挤上一层夹馅，再盖上另一个蛋糕即可。

分量
2人份

烤箱温度
上火190℃、下火190℃

烤制时间
30分钟

难易度：★☆☆

舒芙蕾

配方：

蛋黄糊：蛋黄3个，细砂糖30克，低筋面粉30克，牛奶190毫升，香草荚2个，无盐黄油10克，柠檬皮1个；**蛋白霜**：蛋白3个，细砂糖25克

扫码看视频

制作步骤：

1. 将蛋黄倒入搅拌盆中，再取30克细砂糖倒入其中，搅拌均匀。
2. 筛入低筋面粉，搅拌均匀。
3. 将奶锅放在电磁炉上，倒入牛奶，开小火，把剪碎的香草荚加入牛奶中，煮至沸腾。

4. 将煮好的牛奶分三次倒入步骤2的混合物中,搅拌均匀。
5. 将步骤4中的混合物倒入钢盆中,边加热边搅拌,至浓稠状态。
6. 倒入无盐黄油及柠檬皮,搅拌均匀,制成蛋黄糊。
7. 将蛋白和25克细砂糖倒入另一个搅拌盆中,用电动打蛋器打发,制成蛋白霜。
8. 将1/3蛋白霜倒入蛋黄糊中,搅拌均匀,再倒回至剩余的蛋白霜中,搅拌均匀,制成蛋糕糊,装入裱花袋中,拧紧袋口。
9. 将蛋糕糊挤入陶瓷杯中至七分满,放在烤盘上,在烤盘中倒入热水,放进预热至190℃的烤箱中,烘烤约30分钟即可。

| 分量 |
| 8人份 |
| 烤箱温度 |
| 上火180℃、下火160℃ |
| 转上、下火150℃ |
| 烤制时间 |
| 18分钟 |

难易度：★★☆

柠檬雷明顿

配方：

鸡蛋125克，柠檬汁15毫升，细砂糖75克，盐2克，低筋面粉65克，泡打粉2克，炼奶12克，无盐黄油25克，吉利丁片4克，水130毫升，黄色色素2滴，椰蓉适量

制作步骤：

1. 将鸡蛋、柠檬汁、盐放入搅拌盆中，用电动打蛋器搅拌均匀。
2. 分三次边搅拌边加入55克细砂糖。
3. 无盐黄油、炼奶和10毫升水隔水加热煮熔，搅拌均匀，倒入步骤2的混合物中，搅拌均匀。
4. 筛入低筋面粉及泡打粉，用塑料刮刀搅拌均匀，制成蛋糕糊。
5. 将蛋糕糊倒入方形活底戚风模具，抹平。
6. 烤箱以上火180℃、下火160℃预热，放入烤箱中层，烤约10分钟，至蛋糕上色，将温度调至上、下火150℃，再烤约8分钟。

7. 取出后，待其冷却，脱模，切去边缘部分，再切成小方块状，待用。
8. 吉利丁片放入120毫升温热的水中泡软，搅拌至化，加入20克细砂糖及黄色色素搅拌均匀。
9. 将切好的蛋糕方块均匀沾取步骤8中的混合物。
10. 将蛋糕方块放入椰蓉中，表面均匀裹上椰蓉即可。

此款蛋糕还可以搭配巧克力食用哦，蛋糕体烤好后，沾取煮熔的巧克力酱，裹上椰蓉，放入冰箱冷藏半天即可食用，别有一番风味。

分量
2人份

烤箱温度
上火190℃、下火190℃

烤制时间
60分钟

难易度：★☆☆

可露丽

配方：

牛奶250毫升，鸡蛋1个，蛋黄1个，低筋面粉50克，糖粉40克，朗姆酒5毫升，无盐黄油20克，香草荚少许

制作步骤：

1. 将牛奶倒入小锅中小火煮沸，放入剪碎的香草荚，煮至出味，关火备用。
2. 取一搅拌盆，倒入鸡蛋、蛋黄搅拌均匀，倒入糖粉搅拌均匀。
3. 倒入香草牛奶搅拌均匀，筛入低筋面粉搅拌均匀。
4. 将无盐黄油隔水加热至熔化，倒入面糊中搅拌均匀，倒入朗姆酒搅拌均匀。
5. 放入冰箱，冷藏24小时后取出蛋糕糊，倒入金属可露丽模具中。
6. 把模具放在烤盘上，再放进预热至190℃的烤箱中，烘烤约60分钟即可。

Tips

模具内可先抹上少许黄油，再将蛋糕浆倒入模具一半的位置；烘烤时需注意将鼓起太快的蛋糕戳破。

豆乳盒子

难易度：★★☆

配方：

戚风蛋糕片3片，蛋黄45克，砂糖55克，玉米淀粉30克，豆浆200毫升，奶油奶酪85克，淡奶油150克，黄豆粉少许，核桃适量

制作步骤：

1. 将蛋黄液、40克砂糖倒入大玻璃碗中，用手动打蛋器搅拌至砂糖完全溶化，筛入玉米淀粉，用橡皮刮刀翻拌成无干粉的面糊，即成蛋黄糊。
2. 将蛋黄糊倒入平底锅中，边加热边搅拌至冒泡，倒入豆浆，拌成浆糊状，晾凉。
3. 将奶油奶酪倒入干净的大玻璃碗中，用电动打蛋器搅打均匀，倒入豆浆蛋黄糊中，用电动打蛋器搅打均匀，即成奶酪糊，装入套有圆齿裱花嘴的裱花袋里。
4. 将淡奶油倒入另一个干净的大玻璃碗中，再倒入15克砂糖，用电动打蛋器搅打至九分发，装入裱花袋里，待用。
5. 将一片蛋糕片放在塑料盒中垫底，按"Z"形来回挤上一层淡奶油，再挤出造型一致的奶酪糊。
6. 放上一片蛋糕片，挤上淡奶油、奶酪糊，撒上一层黄豆粉，再点缀上核桃作为装饰即可。

分量
3人份

烤箱温度
上火170℃、下火170℃

烤制时间
15分钟

抹茶蜜豆裸蛋糕

配方：

抹茶7克，热水10毫升，细砂糖65克，全蛋（2个）108克，低筋面粉60克，无盐黄油40克，淡奶油200克，蜜豆少许

制作步骤：

1. 抹茶中倒入热水、5克细砂糖，搅拌均匀，即成抹茶糊。
2. 将全蛋倒入大玻璃碗中，隔热水（水温约70℃）搅散，倒入60克细砂糖，边加热边搅打至不易滴落的稠状。
3. 取出大玻璃碗，筛入低筋面粉，用橡皮刮刀翻拌至无干粉状态。

4. 倒入事先融化的无盐黄油，倒入抹茶糊，搅拌至材料混合均匀，即成抹茶蛋糕糊。
5. 取烤盘，垫上油纸，倒入抹茶蛋糕糊，轻震几下排出大气泡，放入已预热至170℃的烤箱中层，烘烤约15分钟。
6. 将淡奶油装入干净的大玻璃碗中，用电动打蛋器搅打至硬性发泡，装入套有圆形裱花嘴的裱花袋里。
7. 取出烤好的抹茶蛋糕，用圆形模具按压出数个圆形蛋糕片。
8. 取一片蛋糕放在转盘上，挤上数个球形淡奶油朵，中部撒上少许蜜豆，盖上第二片蛋糕，再次挤上数个球形淡奶油朵，中部撒上少许蜜豆。
9. 放上第三片蛋糕，挤上一个稍大的球形淡奶油朵，最后放上蜜豆作为装饰即可。

分量
6人份
烤箱温度
上火160℃、下火160℃
烤制时间
16分钟

难易度:★★☆

巧克力心太软

配方:

巧克力软心: 64%黑巧克力60克,无盐黄油20克,淡奶油30克,鲜奶40毫升,朗姆酒5毫升;**蛋糕糊:** 64%黑巧克力90克,无盐黄油85克,细砂糖20克,鸡蛋1个,低筋面粉70克,泡打粉2克;**装饰:** 糖粉适量

制作步骤：

1. 60克黑巧克力隔水加热至熔化，倒入室温软化的无盐黄油，搅拌均匀至两者完全融合。
2. 倒入鲜奶，用手动打蛋器搅拌均匀，加入淡奶油继续搅拌至融合。
3. 倒入朗姆酒，搅拌均匀，制成巧克力软心，装入裱花袋中，待用。
4. 取一个新的搅拌盆，倒入低筋面粉、泡打粉和细砂糖，混合均匀。
5. 倒入在室温下软化的无盐黄油，用手动打蛋器搅拌均匀。
6. 打入一个鸡蛋，搅打均匀，呈淡黄色面糊状。

7. 倒入隔水加热熔化的90克黑巧克力酱，继续搅拌成巧克力蛋糕糊，装入裱花袋中。
8. 先将巧克力蛋糕糊挤在蛋糕模具的底部和四周，中间空出。
9. 在蛋糕中间挤上巧克力软心。
10. 再挤上巧克力蛋糕糊封口。烤箱以上火160℃、下火160℃预热，蛋糕放入烤箱下层，烘烤约16分钟，出炉后在蛋糕表面撒上糖粉装饰即可。

Tips

巧克力软心不可注入太多，包裹边缘的蛋糕体可挤厚一些，防止爆浆。蛋糕烤好后最好放置30秒再脱模，否则容易裂开。趁热吃才能体验到满满的巧克力酱流出的效果。

分量 6人份
煎锅温度 中小火
煎制时间 5分钟

难易度：★☆☆

榴莲千层蛋糕

配方：

饼皮：全蛋4个，低筋面粉90克，玉米淀粉40克，糖粉35克，牛奶250毫升，无盐黄油20克；**榴莲奶油馅**：榴莲肉260克，糖粉14克，淡奶油200克

制作步骤：

1. 将全蛋倒入大玻璃碗中，用手动打蛋器搅拌均匀，筛入低筋面粉和玉米淀粉，搅拌至无干粉状态。
2. 倒入糖粉及牛奶，搅拌均匀，倒入熔化的无盐黄油，边倒边搅拌均匀，制成面糊，筛入另一个大玻璃碗中。
3. 平底锅中倒入适量面糊，用中小火煎至定型，制成面皮，按照相同的方法煎完剩余的面糊，用油纸盖住，放凉。
4. 将淡奶油及糖粉倒入干净的大玻璃碗中，用电动打蛋器搅打至九分发；将榴莲肉倒入搅拌机中，搅打成泥状。
5. 取一片面饼放在平底盘上，用抹刀将适量打发的奶油均匀涂抹在面饼上，再盖上一片面饼，重复两次，抹上榴莲泥，再盖上面皮。
6. 重复以上步骤至面皮用光，即成榴莲千层蛋糕，放入冰箱冷藏约30分钟，切块即可。

分量
3人份

烤箱温度
上火170℃、下火160℃

烤制时间
16分钟

贝壳玛德琳

配方：

无盐黄油100克，低筋面粉100克，泡打粉3克，鸡蛋2个，细砂糖60克，柠檬1个

制作步骤：

1. 在搅拌盆内打入鸡蛋。
2. 将细砂糖倒入装有鸡蛋的搅拌盆中，用电动打蛋器搅拌均匀。
3. 加入室温软化的无盐黄油，搅打均匀。

4. 削取一个柠檬的柠檬皮，再将柠檬皮切成末状，倒入搅拌盆。
5. 筛入低筋面粉和泡打粉，搅拌至无颗粒面糊状。
6. 在玛德琳模具表面刷上一层无盐黄油。
7. 用裱花袋将面糊垂直挤入玛德琳模具中。
8. 烤箱以上火170℃、下火160℃预热；把蛋糕模具放入烤箱中层，烘烤10分钟，将烤盘方向掉转180°，再烤约6分钟即可。

削柠檬皮时注意不要削太厚，特别是白色的部分，苦味较重，要去除。

分量 9人份
烤箱温度 上火160℃、下火160℃
烤制时间 20分钟

难易度：★★☆

棉花糖布朗尼

配方：

巧克力150克，无盐黄油150克，细砂糖65克，鸡蛋3个，低筋面粉100克，香草精适量，棉花糖70克，核桃仁50克

扫码看视频

制作步骤:

1. 无盐黄油和巧克力倒入搅拌盆中,隔水熔化,搅拌均匀,倒入小玻璃碗中,待用。
2. 取一新的搅拌盆,倒入鸡蛋,分三次边搅拌边倒入细砂糖。
3. 倒入香草精,搅拌均匀。
4. 倒入已经熔化好的无盐黄油和巧克力,用手动打蛋器搅拌均匀。
5. 筛入低筋面粉,用手动打蛋器搅拌至无颗粒状,制成巧克力色蛋糕糊。
6. 倒入核桃仁,搅拌均匀。

7. 倒入15厘米×15厘米活底方形蛋糕模，在上面均匀摆放上棉花糖。
8. 烤箱以上火160℃、下火160℃预热，蛋糕放入烤箱，烤约20分钟。
9. 取出后，在桌面震荡几下，待凉后用抹刀分离蛋糕体四周与模具粘连部分，脱模。
10. 用刀将蛋糕平均切分成三份，摆盘即可。

巧克力可切碎后再倒入搅拌盆中隔水熔化，可加大接触面积，加速熔化，节约时间。若不想将棉花糖烤太焦，可先将蛋糕体烘烤15分钟，再放入棉花糖继续烘烤。

分量
4人份

冷冻时间
1小时

难易度：★★☆

提拉米苏

配方：

蛋糕数片，水果适量，可可粉适量；**芝士糊**：蛋黄2个，蜂蜜30克，细砂糖30克，芝士250克，动物性淡奶油120克；**咖啡酒糖液**：咖啡粉5克，水100毫升，细砂糖30克，朗姆酒35毫升

制作步骤：

1. 在玻璃碗中将芝士打散后，加入细砂糖搅拌均匀，加入蛋黄搅拌均匀，然后倒入加热好的蜂蜜，用手动打蛋器搅拌均匀。
2. 用电动打蛋器打发动物性淡奶油，打发好后加入芝士糊中，用长柄刮板将其搅拌均匀。
3. 把水烧开，然后加入咖啡粉拌匀，倒入细砂糖和朗姆酒搅拌均匀。
4. 蛋糕杯底放上蘸了咖啡酒糖液的蛋糕，用裱花袋把芝士糊挤入杯中约三分满。
5. 再加入蛋糕，然后倒入剩下的芝士糊约八分满，完成后移入冰箱冷冻1小时以上。
6. 取出冻好的蛋糕，筛上可可粉，用水果装饰即可。

分量
6人份

冷冻时间
3小时

难易度：★★☆

卡蒙贝尔乳酪蛋糕

配方：

饼干底：巧克力饼干碎70克，无盐黄油30克；芝士糊：奶油奶酪160克，糖粉45克，淡奶油130克，浓缩柠檬汁10毫升，香草精2克，吉利丁片5克，冰水80毫升，朗姆酒5毫升；装饰：巧克力饼干碎30克

制作步骤：

1. 将无盐黄油加入70克巧克力饼干碎，搅拌均匀，制成黄油饼干碎。
2. 将黄油饼干碎倒入硅胶模具中，压实，放入冰箱冷藏30分钟，制成饼干底。
3. 将吉利丁片用冰水泡软，奶油奶酪用电动打蛋器打至顺滑。

4. 奶油奶酪中加入淡奶油30克、浓缩柠檬汁、糖粉25克及香草精,搅拌均匀。
5. 吉利丁片滤干多余水分,用微波炉加热30秒,制成吉利丁液,倒入步骤4的混合物中搅拌均匀。
6. 将100克淡奶油、20克糖粉及朗姆酒倒入新的搅拌盆中,用电动打蛋器搅拌均匀。
7. 倒入步骤5的混合物中,搅拌至完全融合,制成芝士糊。
8. 将芝士糊装入裱花袋中,注入到放有饼干底的硅胶模具中,至九分满,放入冰箱冷藏15分钟。
9. 取出硅胶模具,在表面撒上30克巧克力饼干碎,放入冰箱冷冻2小时即可。

分量
4人份

烤箱温度
上火180℃，下火160℃

烤制时间
8~12分钟

难易度：★★☆

海绵小西饼

配方：

蛋黄面糊：蛋黄25克，细砂糖5克，色拉油10毫升，牛奶10毫升，朗姆酒1毫升，低筋面粉20克；**蛋白霜**：蛋白25克，柠檬汁1毫升，细砂糖15克；**奶油馅**：黄油30克，细砂糖10克，朗姆酒1毫升

制作步骤：

1. 将牛奶、色拉油倒入玻璃碗中搅拌均匀，再将朗姆酒倒入继续搅拌。
2. 往奶浆中加入蛋黄拌匀。
3. 加入细砂糖搅拌均匀，再把低筋面粉倒入，搅拌成无粉粒的蛋黄面糊。
4. 另置一玻璃碗，倒入蛋白和细砂糖，用电动打蛋器搅拌，将柠檬汁倒入，继续搅打成尾端稍微弯曲的蛋白霜。
5. 将蛋白霜分两次倒入拌匀的蛋黄面糊中，用长柄刮板以由下而上翻转的方式搅拌均匀。
6. 将混合完成的面糊装入裱花袋中，在铺好烘焙纸的烤盘上，间隔整齐地挤上圆形面糊。

7. 烤箱以上火180℃、下火160℃预热，将烤盘放入已经预热好的烤箱中烘烤8~12分钟，至饼干表面呈黄色。
8. 把黄油和细砂糖倒入玻璃碗中，将其搅拌成乳霜状。
9. 加入朗姆酒继续搅拌均匀，制成奶油馅。
10. 把烤好的饼干取出完全放凉，再将奶油馅挤在两片饼干中间夹起来即可。

如果没有朗姆酒，可以用白兰地酒代替，但味道上并不能完全取代朗姆酒。

Part 7

亲子可爱造型蛋糕

想要培养和孩子的感情,
想要锻炼孩子的动手能力和思考能力,
一起做个小蛋糕吧!
让这些外形可爱的小蛋糕,
陪伴孩子一起成长!

四季慕斯

难易度：★☆☆

配方：

芒果丁、巧克力、蓝莓、抹茶粉、樱桃、桂花、葡萄、桃子、猕猴桃各适量，牛奶400毫升，淡奶油180克，细砂糖30克，香草荚半根，吉利丁片125克，蛋黄3个

制作步骤：

1. 吉利丁片用凉开水泡软；香草荚用小刀剖开取籽。
2. 将牛奶、蛋黄、细砂糖、香草籽、香草荚放在小锅里搅拌均匀，中小火熬煮并用刮刀不停搅拌，直到用手指划过刮刀有清晰的痕迹时关火。
3. 将泡软的吉利丁片捞出，加在蛋黄糊里搅拌至熔化。
4. 淡奶油打发至四分（出现纹路但会马上消失，还会流动），分两次将淡奶油跟蛋黄糊混合均匀。
5. 装入模具中，中层加入水果丁。
6. 将慕斯糊摇晃平整，放入冰箱冷藏4小时至凝固，取出后用淡奶油挤出奶油花或用水果装饰即可。

煮蛋奶液时要控制火候，缓慢搅拌，防止蛋黄熟过头或结块。

分量
6人份

烤箱温度
上火175℃、下火175℃

烤制时间
40分钟

难易度：★★☆

水蒸豹纹蛋糕

配方：

蛋黄糊： 细砂糖25克，水80毫升，植物油60毫升，低筋面粉115克，泡打粉2克，蛋黄115克；**蛋白霜：** 蛋白210克，塔塔粉2克，细砂糖90克；**豹纹糊：** 可可粉4克

制作步骤：

1. 将细砂糖和水倒入锅中，煮至细砂糖熔化，再加入植物油，搅拌均匀。
2. 将步骤1中的混合物倒入搅拌盆中，筛入低筋面粉和泡打粉，用橡皮刮刀拌匀。
3. 倒入蛋黄，搅拌均匀，制成蛋黄糊。

4. 取另一个搅拌盆，倒入蛋白、塔塔粉及细砂糖，快速打发至可提起鹰嘴钩。
5. 取2/3制好的蛋白霜，分次加入到蛋黄糊中，用橡皮刮刀搅拌均匀，再倒回至剩余的蛋白霜中，搅拌均匀，制成蛋糕糊。
6. 取一小部分蛋糕糊，装入两个小碗中，分别筛入1克可可粉和3克可可粉，分别搅拌均匀，制成浅色可可蛋糕糊和深色可可蛋糕糊。
7. 将步骤5中剩余的面糊倒入蛋糕纸杯中。
8. 将浅色可可蛋糕糊和深色可可蛋糕糊分别装入裱花袋中，在顶端剪小口，先用浅色可可蛋糕糊在蛋糕表面画上几个圆点，再用深色可可蛋糕糊在圆点周围画上围边，呈现豹纹状，再将烤盘放入预热至175℃的烤箱中，烘烤40分钟，取出，放凉即可。

分量
5人份

烤箱温度
上火180℃、下火180℃

烤制时间
20分钟

难易度：★☆☆

猫爪小蛋糕

配方：

鸡蛋4个，细砂糖90克，低筋面粉140克，泡打粉4克，可可粉5克，无盐黄油70克

扫码看视频

制作步骤：

1. 无盐黄油隔水熔化，放置一旁待用。
2. 在搅拌盆中倒入鸡蛋，分三次边搅拌边加入细砂糖，搅拌至无颗粒状。
3. 倒入过筛的低筋面粉。
4. 加入泡打粉搅拌，再倒入可可粉，搅拌均匀，呈棕色面糊状。
5. 倒入隔水熔化的无盐黄油，继续搅拌均匀，使面糊呈现光滑状态。
6. 用保鲜膜将装面糊的碗封起来，静置半小时，这样可使口感更细腻。

7. 揭开保鲜膜,将面糊装入裱花袋中。
8. 将面糊垂直挤入猫爪蛋糕模具中至八分满。
9. 烤箱以上火180℃、下火180℃预热,将蛋糕模具放在烤盘上,再放入烤箱中层,烤约20分钟。
10. 蛋糕取出后待其冷却,用手即可脱模。

Tips

将面糊注入蛋糕模之前记得要在模具内层刷一层无盐黄油哦,脱模的时候蛋糕就可以轻易脱出,不会粘连啦。

分量 5人份
制作时间 20分钟

难易度：★☆☆

推推乐蛋糕

配方：

戚风蛋糕体1个，动物性淡奶油、糖粉、水果各适量（常用水果如猕猴桃、草莓、芒果等）

制作步骤：

1. 将凉透的戚风蛋糕脱模，并横刀分片。
2. 将动物性淡奶油加糖粉用电动打蛋器打发至八分发，装入裱花袋。
3. 用推推乐模具在蛋糕片上刻出蛋糕圆片。
4. 将水果洗净切成小丁。
5. 按照一片蛋糕、一层奶油、一层水果的顺序装入推推乐模具中。
6. 最后盖上盖子即可。

做好后放冰箱冷藏，加有新鲜水果的最好在当天食用完毕。

分量
3人份

烤箱温度
上火160℃，下火160℃

烤制时间
15分钟

难易度：★★☆

蛋糕球棒棒糖

配方：

蛋糕糊： 植物油18毫升，蛋黄3个，细砂糖12克，鲜奶30毫升，低筋面粉54克，奶油奶酪36克；**蛋白霜：** 蛋白3个，细砂糖30克；**装饰：** 黑巧克力适量，花生碎适量，彩色糖果适量，棒棒糖棍子若干

制作步骤：

1. 在搅拌盆中倒入鲜奶、植物油及细砂糖，用电动打蛋器搅拌均匀。
2. 筛入低筋面粉，继续搅拌均匀，分次加入三个蛋黄，搅打均匀，呈金黄色。
3. 取一新的搅拌盆，倒入蛋白，倒入细砂糖，用电动打蛋器快速打发至发白，可提起鹰钩状即可，制成蛋白霜。

4. 将1/3蛋白霜加入到步骤2的混合物中,搅拌均匀,倒回剩余的蛋白霜中,搅拌均匀,呈淡黄色面糊状。
5. 将面糊倒入方形烤盘中,抹平,敲击以释放多余空气。
6. 烤箱以上火160℃、下火160℃预热,蛋糕放入烤箱烤约15分钟。
7. 取出烤好的蛋糕体,脱模,捏碎。
8. 放入奶油奶酪,揉捏均匀呈面团状,分成每个25克蛋糕球,插上棒棒糖棍子,放入冰箱冷藏定形。
9. 黑巧克力隔水加热煮熔成巧克力酱;将蛋糕球取出,放入巧克力酱中让表面均匀沾取巧克力,再分别撒上花生碎、彩色糖果即可。

Tips

将蛋糕体碎捏成圆球状时,需稍用力捏紧,否则在插入棒棒糖棍子时容易散开。将蛋糕体撕小块一些也有助于蛋糕球成团。

分量
4人份

烤箱温度
上火170℃、下火170℃

烤制时间
14分钟

难易度：★★☆

长颈鹿蛋糕卷

配方：

植物油20毫升，蛋黄3个，细砂糖52克，鲜奶45毫升，低筋面粉40克，粟粉15克，可可粉15克，蛋白4个，淡奶油100克，糖粉10克

扫码看视频

制作步骤：

1. 将植物油和鲜奶倒入搅拌盆，用手动打蛋器搅拌均匀，倒入粟粉、12克细砂糖，继续搅拌均匀。
2. 倒入低筋面粉，搅拌均匀后倒入蛋黄，搅打均匀，分出1/3装入另一搅拌盆，作为原味面糊。
3. 剩下2/3面糊加入可可粉，搅拌均匀，制成可可面糊。
4. 取另一干净的搅拌盆，倒入蛋白及40克细砂糖，用电动打蛋器快速打发，至可提起鹰钩状，分别加入到可可面糊和原味面糊中，搅拌均匀。
5. 原味面糊装入裱花袋，拧紧裱花袋口。
6. 烤盘内垫上油纸，用裱花袋中的原味面糊画出长颈鹿的纹路；烤箱以上火170℃、下火170℃预热，将长颈鹿纹路放入烤箱，烘烤2分钟。

7. 取出，在表面倒入可可面糊，抹平，再次放入烤箱，烤约12分钟。
8. 在新的搅拌盆中倒入淡奶油及糖粉，用电动打蛋器快速打发至可提起鹰钩状。
9. 将烤好的蛋糕体取出，撕去油纸，待其冷却，将油纸垫在蛋糕体底下，将打发好的奶油抹在没有斑纹的那一面。
10. 奶油抹匀后利用擀面杖将蛋糕体卷起即可。

Tips

蛋糕体出炉后要趁热将油纸撕掉，否则冷却后，蛋糕表面水分流失，会难以撕下。卷蛋糕体时不可过于用力，否则可能将蛋糕体压裂。

分量
6人份

烤箱温度
上火170℃、下火160℃

烤制时间
15分钟

难易度：★☆☆

蓝莓果酱花篮

配方：

鸡蛋2个，鲜奶25毫升，香草精2滴，低筋面粉50克，泡打粉1克，盐1克，炼奶10克，蓝莓果酱适量，细砂糖50克，无盐黄油80克，糖浆20克

制作步骤：

1. 鸡蛋中加入细砂糖、香草精及盐打发（此过程需隔水加热）。
2. 60克无盐黄油、鲜奶、炼奶隔水加热，搅拌均匀，倒入到步骤1的混合物中，继续搅打均匀至稠状。
3. 筛入低筋面粉及泡打粉，充分搅拌均匀至无颗粒状。
4. 蛋糕纸杯放入玛芬模具中，将拌好的蛋糕糊均匀倒入纸杯中，至八分满。
5. 烤箱以上火170℃、下火160℃预热，将玛芬模具放入烤箱中层，全程烤约15分钟，出炉后倒扣、冷却。
6. 将20克无盐黄油及糖浆快速打发，装入裱花袋中，挤在蛋糕体的四周，在中间铺上适量蓝莓果酱即可。

Tips

注意每次倒入材料后不要过度搅拌，否则会起筋。

分量
4人份

烤箱温度
上火170℃、下火170℃

烤制时间
20分钟

难易度：★★★

猫头鹰杯子蛋糕

配方：

蛋糕糊：低筋面粉105克，泡打粉3克，无盐黄油80克，细砂糖70克，盐2克，鸡蛋1个，酸奶85克；装饰：黑巧克力100克，奥利奥饼干6块，M&M巧克力豆适量

制作步骤：

1. 无盐黄油打散，加入细砂糖和盐，搅打至微微发白。
2. 分三次加入鸡蛋液，拌匀，分两次倒入酸奶，拌匀。
3. 筛入低筋面粉及泡打粉，拌成蛋糕面糊，装入裱花袋。
4. 在裱花袋尖端处剪一小口，垂直以画圈的方式将蛋糕面糊挤入蛋糕纸杯至八分满。
5. 烤箱以上火170℃、下火170℃预热，蛋糕放入烤箱，烤约20分钟，取出，抹上煮熔的黑巧克力酱。
6. 取夹心完整的奥利奥饼干为猫头鹰的眼睛，用M&M巧克力豆作为猫头鹰的眼珠及鼻子，将剩余的奥利奥饼干从边缘切取适当大小，作为猫头鹰的眉毛即可。

Tips

装饰要趁表面巧克力未干时进行。做猫头鹰的眉毛时可以在饼干上涂上巧克力酱，再加以修饰，这样更加逼真生动。

分量
3人份

冷藏时间
4小时

难易度:★★★

小熊提拉米苏

配方:

嫩豆腐100克,淡奶油50克,细砂糖35克,手指饼干2根,鸡蛋1个,热水1勺,速溶咖啡粉3克,防潮可可粉适量,黑巧克力适量,白巧克力适量,入炉巧克力6颗,纽扣巧克力6颗

制作步骤：

1. 捏碎嫩豆腐，用手动打蛋器打成稠状。
2. 淡奶油加入细砂糖，用电动打蛋器打发至呈鹰钩状，加入豆腐拌匀。
3. 打入鸡蛋，拌成蛋糕糊，装入裱花袋。
4. 速溶咖啡粉用热水溶化；将手指饼干剪成适当大小，放入速溶咖啡液中浸润2秒，拿出。
5. 将裱花袋中的蛋糕糊挤入纸杯底部，放上沾了咖啡液的手指饼干，再挤上一层蛋糕糊，在表面筛上防潮可可粉，放入冰箱冷藏4小时以上。
6. 以纽扣巧克力作为耳朵，入炉巧克力作为眼睛，隔水加热黑巧克力、白巧克力，分别装入裱花袋，画出小熊的嘴巴、鼻子即可。

若没有防潮可可粉，可先在蛋糕表面撒防潮糖粉，再撒可可粉。

分量
5人份

烤箱温度
上火170℃、下火170℃

烤制时间
20分钟

难易度：★★☆

奶油狮子造型蛋糕

配方：

中筋面粉120克，泡打粉3克，豆浆125毫升，细砂糖90克，盐2克，植物油35毫升，鸡蛋1个，淡奶油150克，黄色色素适量，黑色色素适量

制作步骤：

1. 将植物油与豆浆倒入搅拌盆，搅拌均匀，加入70克细砂糖及盐，继续拌匀。
2. 筛入中筋面粉及泡打粉，搅拌均匀，从中间开始搅拌，再扩散至四周。
3. 打入一个鸡蛋，搅拌均匀，呈淡黄色面糊状，装入裱花袋中，拧紧裱花袋口，在裱花袋尖端处剪一小口，将面糊挤入蛋糕纸杯，从底部中间开始挤入。

4. 烤箱以上火170℃、下火170℃预热，蛋糕放入烤箱，烤约20分钟。
5. 淡奶油加入20克细砂糖，用电动打蛋器快速打发。
6. 将打发好的淡奶油分成三份，两份分别滴入适量黄色色素和黑色色素，搅拌至可呈鹰钩状，分别装入裱花袋中。
7. 查看蛋糕，用一支竹签插入蛋糕体中，若拔出无黏着蛋糕糊，则已烤好。
8. 取出蛋糕体，将黄色奶油挤在蛋糕四周呈圈状。
9. 用白色奶油在中间挤上，作为狮子鼻子两旁的装饰，用黑色奶油挤上眼睛和鼻子即可。

Tips

狮子的颜色也可以根据自己的喜好用其他食材调出哦。可用南瓜或地瓜泥做出狮子的毛发，用巧克力挤出狮子的鼻子、眼睛。挤的时候要注意力度均匀，补足留出来的细缝。

分量 4人份
烤箱温度 上火180℃、下火180℃
烤制时间 17分钟

难易度：★★★

满天星蛋糕卷

配方：

蛋黄（4个）62克，牛奶70毫升，色拉油60毫升，低筋面粉75克，泡打粉2克，蛋白液A（1个）35克，细砂糖A5克，蛋白液B（4个）143克，细砂糖B50克，湖蓝色食用色素2滴，蓝色食用色素2滴，白色食用色素2滴，已打发的淡奶油适量，猕猴桃丁适量，芒果丁适量

制作步骤：

1. 将蛋黄用电动打蛋器打散，倒入牛奶、色拉油搅打均匀，筛入低筋面粉、泡打粉拌至无干粉状态，即成蛋黄糊。
2. 用量勺舀取适量蛋黄糊倒入三个玻璃碗中，再分别滴入白色食用色素、蓝色食用色素、湖蓝色食用色素，搅拌均匀，即成彩色蛋黄糊。
3. 将蛋白液A装入干净的大玻璃碗中，分三次加入细砂糖A，搅打至不易滴落的状态，即成蛋白糊A。
4. 把蛋白糊A分别倒入白色蛋黄糊和蓝色蛋黄糊中，搅拌均匀，制成白色蛋糕糊、蓝色蛋糕糊。
5. 将两种颜色的蛋糕糊分别装入裱花袋，用剪刀在裱花袋尖端处剪一个小口。
6. 取烤盘，铺上满天星图案纸，再垫上一张蛋糕卷塑胶垫，用白色蛋糕糊、蓝色蛋糕糊画出星星，放入已预热至180℃的烤箱中层，烘烤约2分钟。

7. 再将蛋白液B装入干净的大玻璃碗中，分三次加入细砂糖B，搅打至不易滴落的状态，即成蛋白糊B。
8. 取一半的蛋白糊B倒入装有湖蓝色蛋黄糊的大玻璃碗中，用橡皮刮刀搅拌均匀，再倒回至装有蛋白糊B的大玻璃碗，搅拌均匀，即成湖蓝色蛋糕糊。
9. 取出烤盘，倒入湖蓝色蛋糕糊，用刮板抹平，再次放入烤箱中，烘烤约15分钟，取出，脱模，放凉至室温。
10. 将已打发的淡奶油均匀地涂抹在蛋糕内，放上猕猴桃丁、芒果丁抹匀，卷成卷，再放入冰箱冷藏片刻即可。

分量
6人份

烤箱温度
上火170℃、下火170℃

烤制时间
20分钟

难易度：★★★

小黄人杯子蛋糕

配方：

鸡蛋1个，细砂糖65克，植物油50毫升，鲜奶40毫升，低筋面粉80克，盐1克，泡打粉1克，巧克力适量，翻糖膏适量，黄色色素适量

制作步骤:

1. 鸡蛋搅拌成蛋液,蛋液与细砂糖倒入搅拌盆,搅拌均匀。
2. 加入盐,搅拌均匀,加入鲜奶及植物油,继续搅拌。
3. 筛入低筋面粉及泡打粉,搅拌均匀,制成淡黄色蛋糕糊,装入裱花袋,垂直从蛋糕纸杯中间挤入,至八分满。
4. 烤箱以上火170℃、下火170℃预热,将蛋糕放入烤箱,烤约20分钟,待蛋糕体冷却后,沿杯口切去高于纸杯的蛋糕体。
5. 取适量翻糖膏,加入几滴黄色色素,揉搓均匀,使翻糖膏呈鲜亮的黄色。
6. 用擀面杖将黄色翻糖膏擀平,用一个新的蛋糕纸杯在翻糖膏上印出圆形,用剪刀将圆形剪下,放在蛋糕体上面作为小黄人的皮肤。

7. 取一块新的翻糖膏,用裱花嘴圆形的一端印出小的圆形,作为小黄人的眼白。
8. 用一个大的裱花嘴在原来的黄色翻糖上印出眼睛的外圈。
9. 将白色翻糖膏套入黄色圈圈中,作为小黄人的眼睛。
10. 用煮化的巧克力画出小黄人的眼珠、嘴巴和眼镜框即可。

Tips

小黄人的眼镜和嘴巴也可用翻糖膏加入黑色色素揉搓均匀,再剪出相应形状制成。